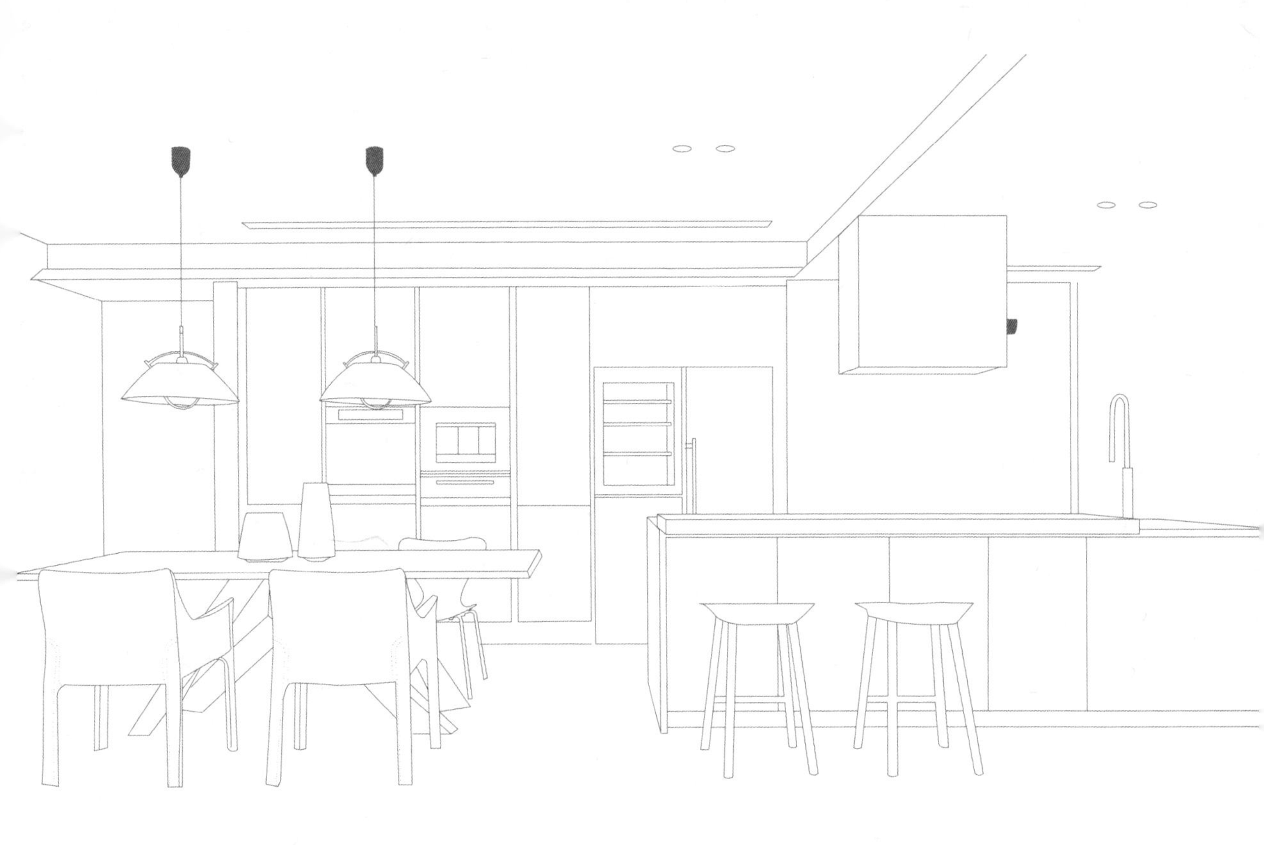

設計好廚房

搞懂預算×格局×材質，
打造好看也好用的理想廚房

東販編輯部 編著

CONTENTS

CHAPTER 1

預算 | 抓對預算，搞懂錢花在哪兒！？

010 門片
013 櫃體
014 檯面
017 五金
018 設備

CHAPTER 2

建材 | 打造夢幻廚房，從挑建材開始

024 門片
036 檯面
046 櫃體
052 設備
062 電器

CHAPTER 3

格局・動線 |根據料理習慣做規劃，廚房才好用

076 一字型
078 二字型
079 L型
081 ㄇ字型
082 中島型

CHAPTER 4

風格 |不只美，更要為自家廚房注入個性

086 現代風
138 鄉村風
162 北歐風

|**附錄**|

194 關於廚房的Q&A
200 設計師。廠商

CHAPTER 1

預算

抓對預算，搞懂錢花在哪兒!?

圖片提供｜兩冊空間設計

BUDGET

自古以來，廚房不但是掌管住家飲食需求要地，在風水學上亦有生氣、聚財功效。加上食安問題層出不窮，烹調逐漸蔚為現代人遠離毒害、紓壓療癒兼凝聚情感的新生活運動。

然而想要打造出一個風格機能兼具，或者可供親朋好友一同享受料理樂趣的廚房，不只在細節上要用心，個人預算更是決定廚房設計的最大關鍵，而想擁有心目中的理想廚房，則應先從預算規劃做起，在規劃前了解構成廚房的各種元素，從而配合自身預算做出取捨。其中廚房預算佔比最大的就是廚具，影響廚具價格因素包括品牌、材質、五金、設備以及流理檯……等即便是坪數相同的廚房，也可能因選配物件不同或是客製化而出現極大價差，選購時應該審慎評估使用頻率及個人主要需求，才能更合宜的分配裝修預算比例。以200 萬元裝修案為例，通常會搭配15 萬的台系廚具，如果使用進口廚具基本都會從25 萬起跳。而廚具中「五金」的承重、耐用度跟「檯面」是否好清理、會不會容易刮傷，都是最常影響廚具滿意度的關鍵，若預算充足可以將這兩個部分優先升級，讓實用性更加分。此外，老屋在變更廚房時通常需要先花一筆更換水、電管線的基礎工程費用，但這部分經常會被忽略，所以除了預列廚具預算，最好能再保留些許預算彈性，以備工程途中追加。

由於簽約後追加任何品項與修改品項都會增加支出，為了更能掌握選購時的「眉角」，以下便針對構成廚房的幾個重要元素：門片、櫃體、檯面、五金跟設備一一拆解影響預算的因素，理解價差成因後，自然更能抓到預算跟理想間的務實平衡！

POINT 1 門片

廚具門片是形塑廚房印象的關鍵，會影響門片價格的主要原因在於被動性功能（例如好清理、耐刮、耐火、美觀……等）細節上。而這又跟門片基材、加工方式、收邊方式有密切關係。

基材

就門片基材來看，木心板、密底板、塑合板最常見。以三者來比較，木心板因為中央是實木條，耐重又不易彎曲變形，所以單價會較其他兩者高。密底板質地細密、容易刻花，缺點是容易受潮，雖然單價最低，卻是烤漆加工最適合的板材。塑合板是廚具板材主流，價格受甲醛的釋出量多寡及防潮性影響，廚具目前多採E1級V313塑合板來兼顧防潮及呼吸健康。

烤漆類門片因為工序多、精緻度高價格相對貴。最好視個人預算做選擇。▶ 圖片提供｜爾聲空間設計

想完成理想中的廚房，除了考量風格，使用的材質更會影響到預算，甚至完成後的質感，因此應審慎做好事前規劃。
▶ 圖片提供｜亞維空間設計

加工方式

門片的表面材料主要分為烤漆、壓克力與貼皮幾大類，烤漆類因為工序較多所以單價偏高。仿鋼烤質感的水晶板或結晶鋼烤，則比貼皮類稍貴一些。若以單價高、低區間來看，工序繁複的鋼琴烤漆、陶瓷烤漆以及原材的實木皆屬高單價門片。烤漆玻璃、結晶鋼烤則屬於防潮性佳又兼具美觀的中價位門片。而貼皮的美耐板或是塑合板門片雖然質感稍差，但實用性高、價位也低廉，適合預算不多的族群。

TIPS

水晶板跟結晶鋼烤雖同樣以壓克力為材質，但前者是透明壓克力做五面封邊，後者則是透心壓克力做六面封邊，防潮性跟美觀度高，但價格也相對更貴。

影響門片的價格因素在於被動性功能多寡，又跟基材、加工方式、收邊方式環環相扣，選購時應綜合評比。▶ 圖片提供｜亞維空間設計

收邊方式

指的是門片邊緣的處理方式，可概分為外加式的ABS、PVC、鋁框、實木貼皮與非外加式的實木、烤漆兩種。一般而言收邊會延續加工方式而定不一定能自由選擇，所以較難有明確價格排序區分。但大致上是實木＞烤漆＞鋁框＞實木貼皮＞ABS 塑膠收邊條＞PVC。

POINT 2

櫃體

櫃體一般又稱為「桶身」，是廚具中不可或缺的收納功臣。廚房跟浴室一樣都是比較潮濕的區域，因此在防潮性上應特別注重。加上廚房可能會有蟑螂、白蟻等生物出沒，所以好清理、少異味是選購重點。影響桶身價格的原因包括：

尺寸

桶身的計價方式是以總長來算，轉角交疊的部分會直接扣除交疊的長度。一般來說扣除的長度是60 公分。櫃體有時會因埋管位置或其他原因需要另外做挖空或造型調整，這部分工資就要另外計算。

材質

木心板、塑合板、不鏽鋼、發泡板是常見材質。不鏽鋼桶身底板多為木心板，外層包覆厚度約4～6 mm 不鏽鋼板，價格會依鋼板厚度、單層或雙層而有所增減。不鏽鋼單價偏高，若預算不足可以僅在水槽下方使用。塑膠類的發泡板防水性高，價位與不鏽鋼相仿。平價的木心板承重力較塑合板好，也比塑合板稍貴，但防潮性比塑合板差一點。塑合板是目前流行的環保建材，其訴求重點包含「甲醛釋出量」及「抗潮能力」。

國內甲醛釋出量從低到高分為F1～F3等級（≦0.3mg/L～≦1.5mg/L），而歐盟則以Super E0、E0跟E1對應國內標準。實際上，歐盟正式規範的最少等級就是E1級，至於E0或Super E0則是業者方便消費者理解甲醛檢測含量極低所使用的話術，但E0板材的價格卻比E1板材成本高約3成。

日本原裝 cleanup 廚具，桶身採用 super E0 等級塑合板基材，外面包覆不鏽鋼，並將踢腳板位置改為足元抽增加收納，機能擴增桶身價格自然也較高。▶ 圖片提供｜竹桓股份有限公司

國內目前對於各類板材其實都有制定標準規範，但在產品等級選項及相關資訊的標示上，塑合板選擇性多且相對公開透明。只要板材標示F3或是E1，或是吸水厚度膨脹率在12%以下，就能符合國內法規並有一定的保障。除非預算充足，或居家環境特別潮濕，否則無須刻意追求最高等級產品。

踢腳板

廚具底部多半是以黑色的塑膠條或是鋁製踢腳板為主，若是想要改成跟面板一樣材質費用另計。日系廚具強調收納，會將此處規畫成抽屜櫃，價格自然也不同。

POINT 3 檯面

不管是什麼形式的流理檯，檯面都是不可或缺的一部分；檯面不僅左右廚具整體外觀印象，也是與人體、油汙接觸最多、時間也最長的部分。因此，慎選一個美觀又耐用的檯面，自然會大大提升對廚房使用的滿意度。至於影響檯面價錢的原因大致有：

尺寸

檯面計價方式是以總長來算，一字跟二字型廚房因為是直線造型較少爭議。但遇到L型或ㄇ字型這類總長有交疊的檯面時，並非直接扣除交疊的長度而是扣一半。這是因為L型檯面在製作上比較費時、費工，30公分直接做為轉角的工資。亦有廠商不做任何扣除直接抵扣「水槽下嵌」跟「爐台挖孔」的安裝工資，報價時可多加詢問確認。

不鏽鋼可以讓檯面跟水槽平接無縫，不但質感好、清理也很方便，算是相當好維修的檯面材質。▶ 圖片提供｜竹桓股份有限公司

此外，目前檯面計價單位多為公分，以人造石為例，未裁切前的寬度大多為76公分，扣掉做背牆以及前緣剩下的寬度就是60公分。如果檯面深度超過60

計算檯面價格時，由於材質選配不同，所應用的工法也會不同。此外，異材質收尾的細節差異，也都會讓預算有所變動。▶ 圖片提供｜IKEA

公分，因材料不夠寬得裁另一片來接合就得另外計價，所以特殊尺寸的檯面單價就可能增加。

TIPS 檯面計算方式：以200＋100公分的L型檯面為例。一般廚具深度是60公分，所以總長是200＋100－(60/2)＝270公分。

材質

檯面材質目前較受青睞的主流是人造石，依廠牌、花色每公分約NT.70～120元不等，若選用硬度高、抗菌性更好的賽麗石或矽鋼石，每公分單價約會增加1.5～2倍。使用不鏽鋼則分有202跟304兩個等級，304是食品等級鋼材，對環境耐受性也較202高，但價格將近是202的2倍。

其他

除了檯面安裝外，檯面費用中「水槽下嵌」跟「爐台挖孔」工資都是單獨計價。此外，若是要做45度斜角接縫，或是檯面本身有其他特殊造型也會影響報價。另外，像是木質檯面跟石材要拼接結合時，收尾是要木包石？還是要石包木？怎麼包？包多少的寬距？這類異材質收尾的細節差異，也都會增加工資的支出。

除了材質以外，有時水槽安裝費用也要另外計費，事前應先確認清楚。▶圖片提供｜爾聲空間設計

POINT 4

五金

五金泛指廚具中會使用到的金屬部分，五金的優劣在廚具中扮演關鍵角色；除了會影響開關的順暢之外，也會影響櫃體內部的使用面積。其中以控制門片開闔的鉸鍊、支撐抽屜的滑軌是最常被關注的重點。影響五金價錢的原因包括：

五金是廚具的靈魂，品質良好的五金不僅耐用度高，負重時依然滑順好用，但進口與國產價差大，可審慎評估使用。▶ 圖片提供｜竹桓股份有限公司

品牌

五金分為台製跟進口品牌兩種，但兩者價差頗大。以35吋入柱的卡式鉸鍊為例，台製五金一個約在NT.40～50元上下，但進口五金卻要破百元起跳。此外，即使是相同品牌如『blum』，也會因生產地不同而有價差。

滑軌裝設的位置會影響抽屜內徑大小，此外，從門把到材質都會影響五金報價，最好親自前往門市感受跟體驗。▶ 圖片提供｜竹桓股份有限公司

耐用度、材質

五金好壞主要看耐用度跟材質。此外，許多五金都是鋼材底但表面鍍鎳，鎳與不鏽鋼相比是較不耐鏽，若鍍層太薄也容易增加鏽蝕，但因從表面判斷不易，最好還是找有商譽的店家購買較保險。

TIPS 一般會附註開關耐用次數報告，可注意是否由具公信力的單位檢測。

順暢性

現代五金多半有防夾手或減少噪音的緩衝設計；緩衝分內建式跟外掛兩種，內建式又分油壓式及機械式，不同規格價錢自然不同。緩衝的順滑度也會因廠商工藝技術而有較大落差，進口五金在這部分表現相對台製產品來得好，價格自然也就翻倍起跳。

產品規格

以鉸鍊為例，規格分有6分、3分及入柱三種，開啟角度從90度～270度都有，這些不只影響價格也關乎櫥櫃外觀呈現的樣貌。就滑軌而言，承重力、二節還是三節、是座式還是側裝都會影響價格。總結來說，五金雖然體積小不顯眼，但因其工藝品質受多種細節影響，故選購時最好能自己實際於展示品上操作感受，並多詢問、比較使用經驗，才能正確拿捏預算分配多寡。

POINT 5 設備

廚房內的設備眾多，基本品項除了水槽、龍頭之外還包含三機（瓦斯爐、抽油煙機、烘碗機）。至於其他如烤箱、微波爐、冰箱、洗碗機等設備，會依個人需求增減。而會影響價錢的原因包括：

安裝方式

原則上嵌入式機種都會比獨立式價格來得高，落地型也會較懸吊式貴。舉例來說，同樣是60公分的烘碗機，落地式與懸吊式價差可能就達1.5倍以上。若是再加上品牌因素，價差可能高達3倍以上。

材質、尺寸

以水槽為例，材質選的是人造石還是304不鏽鋼？表面是否有特殊加工？規格是單槽、雙槽？尺寸大小？都會影響到價格。

工法

工法上分有上嵌、平接跟下嵌式三種。上嵌式水槽施作簡單，但水槽浮凸於檯面容易讓水漬流到水槽櫃底下造成櫃身潮溼與腐敗，目

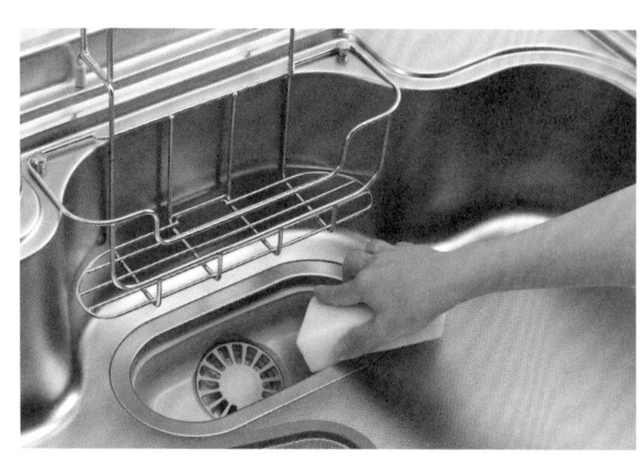

設備細節會影響價格。如圖中用淺型排水孔增加清理方便，搭配防止異味的「防臭水管」，設計細膩度增加自然也會影響價格 。
▶ 圖片提供｜竹桓股份有限公司

採購廚房設備時，最好能對各家產品特色先做功課，才能在規劃廚房時找到最符合使用習慣的品項，並與廚具融為一體。▶ 圖片提供｜IKEA

前多改為下嵌式。而人造石跟不鏽鋼都可以跟檯面無縫平接，外型質感更佳但工資相對也會較高。

耐用度

以龍頭為例，閥芯是龍頭心臟，陶瓷閥芯具有耐磨性強、密封性能好等特點，自然會較採用銅質、橡膠等密封件的龍頭來得貴。

功能性的多寡

龍頭造型上分有固定式和活動式；可以360度旋轉或是軟管伸縮的活動式龍頭，便於清洗水槽深處。而感應式龍頭可增加出水的方便性、減少細菌附著孳生。

總而言之，想要將錢花在刀口上，選購廚具設備前一定要先做功課。一來是為了找到更吻合實用需求的產品，二來也能在選擇過程中看出暗藏在報價細節中的魔鬼，用更合理的預算打造心目中的理想廚房！

認識各國廚具特色

類別	特色	價格	優點	缺點
台灣	客製化程度高	價格相對便宜	訂製速度快、自由度高	整體質感略遜於進口廚具
歐系	美觀、收納機能中等	價格昂貴，起跳價約40萬	整體性足夠、質感好	等待時間長、自由度中等
日系	收納性強、造型簡約	價格中等，起跳價約25萬	整體利用率高，小空間機能性亦強	自由度低，等待時間中等（約2～3個月）

廚房裝潢

SOP

想要進行廚房裝潢，並沒有想像中困難，以下便將裝潢流程以步驟清楚標示出先後順序，就算是第一次規劃廚房，只要照著步驟做，相信也能輕鬆進行，打造出屬於自己的夢想廚房。

STEP 1

現場丈量

每個空間格局、大小、周邊環境不同，透過詳細的現場丈量能減少尺寸誤差，也能對需要調整的部分預先確認。

STEP 2

圖面規劃

廚具公司會依業主的預算、風格偏好作初步圖面規劃，之後再與業主作深入的討論、調整。

STEP 3

正式簽約

確認格局尺寸、門片、檯面、櫃體材質、五金選配、電器品等各細項無誤後，即可進行簽約。

STEP 4

等待期

系統廚具從下訂到安裝需要間隔一段時間，原裝進口廚具可能會有2～3個月的等待期，若有時程限制最好提早規畫。

STEP 5

施工

廚具安裝包含拆除舊的廚具、水電施工、到櫃體、檯面完工後腰帶區的丈量打版，故實際工作日約1～14工作天不等。

CHAPTER 2

建材

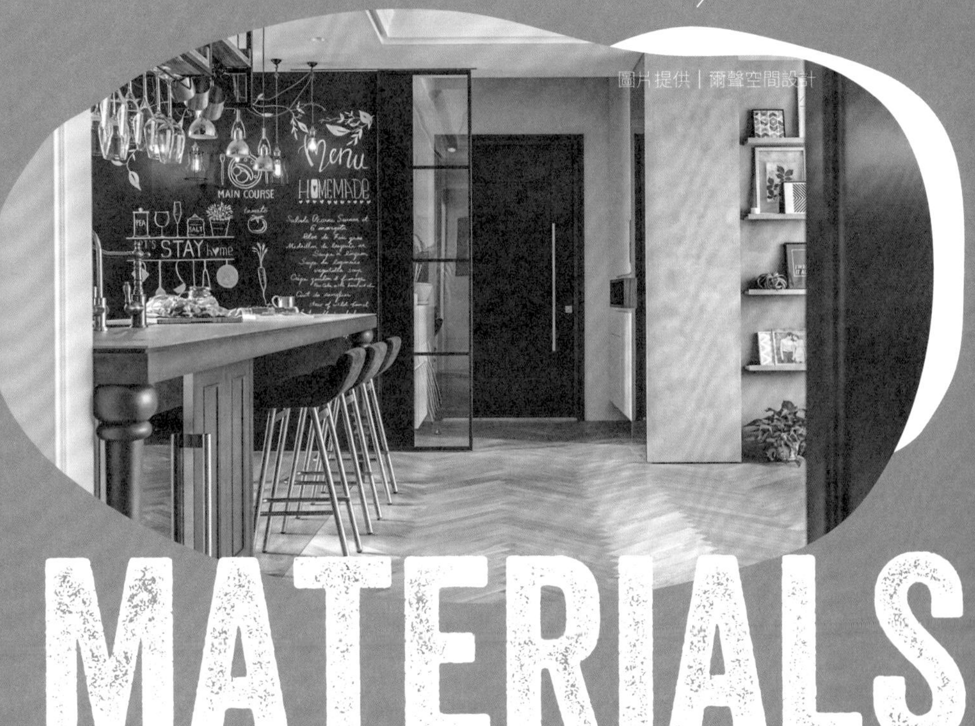

圖片提供｜爾聲空間設計

MATERIALS

▶圖片提供｜浩室空間設計

門片

一眼望進廚房，可以發現門片佔據了廚房大部分的面積，宛如門面般的存在。因此想要形塑廚房的風格，門片材質和形式將決定一切。一般來說，摩登現代風的廚房，多半採用亮面烤漆材質，呈現俐落簡潔的線條，同時鏡面般的外觀即便污漬沾附也好清理，美形兼具實用機能。

而烤漆又可分成鋼琴烤漆、結晶鋼烤。結晶鋼烤是以木心板為底，在外層包覆6面或5面透心的壓克力，色彩會呈現溫潤且飽滿的色澤。但由於是壓克力材質，耐磨程度較差。鋼琴烤漆硬度就比結晶烤漆來得高，表面經過7～10層的烤漆處理，門片也不易脫漆、變形。以鄉村風的廚房來說，為了呈現質樸風格，廚房門片多半留下木質紋路，表面則以線板雕刻而成。材質多用實木門片，即便製作過程中已經過高溫殺菌、烘乾、刨光等繁複工序，但仍需注重防水，在接合的地方要多加留心，建議還是常保持乾燥為佳。目前有專門的系統廠商施作線板門片，系統板材的防潮性更佳，能有效防水，避免門片脫落。

種類	特色	優點	缺點
美耐板	以木心板為底，外層前後貼覆美耐板，四邊封邊為ABS塑膠封邊條。表面材質、色系選擇多元。	耐磨、耐刮、好清潔，價格平易近人。	封邊若密合接縫得不好，容易產生黑邊。封邊處若有縫隙，水氣滲入容易脫落、表面貼皮翹起。
結晶鋼烤	以木心板為底，外層包覆6面或5面透心的壓克力。若做到6面包覆，幾乎可做到無接縫的封邊，因此外觀看起來具有一定質感。	色澤溫潤而飽滿，有多款色系可供選擇。採6面包覆，防潮性較高。	表面不抗刮、耐磨度低，不宜用菜瓜布刷洗。由於是壓克力反覆施作，厚度不足，在光線下看起來會有些微不平整。
鋼琴烤漆	以密底板為底，表面經過7～10層烤漆處理，外層烤漆的底漆、調色漆、金油、亮光蠟幾乎將近1mm的厚度。可依空間和風格需求，表面做霧面或亮面處理。	表面硬度高，具有耐刮特性。門片不易脫漆和變形。	價格較高，每才價格大約NT.500～1,500元之間。表面呈現高亮澤度，使用後的小細紋、黑點都會比較明顯。
陶瓷烤漆	以密底板為底，表面經過多道噴塗與磨砂工藝處理。烤漆處理不受限底材形狀，適用於線板等特殊造型的門片。	硬度高，且不龜裂、不脫漆。保養簡便，以微濕抹布沾溫水擦拭即可。	價格較高，每才價格大約NT.500～1,500元之間。
實木	天然木材拼接而成，自然紋理渾然天成、質感溫潤厚實。門片通常會有線框、飾板等立體造型設計。	可呈現多元造型，展露木質質感。木材種類繁多，木紋也不一而同，做出的門片是獨一無二。	接合處易有水氣入侵，導致木材發黑。需量身訂製，價格較高。

▶圖片提供｜璐石設計

美耐板

美耐板門片的底材是木心板，外層前後貼覆美耐板，後方一般會採用純白的美耐板，四邊封邊為 ABS 塑膠封邊條，如果封邊條的熱熔膠處理得宜，一般來說不太會脫膠。美耐板表面又包括光滑面、布紋壓花面、金屬面等等，近年來也開發出許多極有質感的顏色，光是素色美耐板就有多達上百種顏色選擇，除了種類多元之外，美耐板更因為價格平易近人，且具備耐磨、耐刮等特性，算是物美價廉的廚具門片，也成為許多屋主裝潢時的首選，但是特殊表面處理、特殊顏色或原裝進口的美耐板在價格上會有很大的落差。

種類	特色
素色系列	雖是單純素色，但仍可呈現門片質感，且有多種顏色，可依個人喜好與空間風格做選擇。
木紋系列	仿各種木紋花色、紋理，在合理價格內增添空間自然、溫潤質感，另外還有仿舊木紋花色可供選擇。
金屬系列	表面有金屬質感，會讓空間感較為冷調，可運用於工業風、loft 風或現代風空間，不適用於水氣較多的區域。

挑選重點

Point 1.

平滑面的美耐板較易刮、易留指紋，布紋壓花面則是比較容易卡髒汙，可依使用習慣與烹調頻率做選擇。

Point 2.

美耐板為多層壓疊後以高溫高壓環境壓製而成，具有耐磨、耐刮、好清潔特性，不太需要費心保養，很適合沒有時間打掃的家庭使用。

Point 3.

美耐板價格親民，門片顏色選擇多樣，甚至還有仿木紋、石紋等系列可供挑選，是喜愛實木或天然材質的另一項選項，同時也能依據居家風格做搭配。

計價方式

美耐板價格隨表面花色有所不同，有素色、木紋、金屬等系列，每片（122×244公分）約是 NT.1,200 ～上萬元不等。

▶圖片提供｜達亦精品櫥飾

結晶鋼烤

結晶鋼烤的底材採用的是木心板，並在外層包覆 6 面或 5 面透心的壓克力，如果做到 6 面包覆，由於採用相近顏色的熱熔膠處理，幾乎可做到無接縫封邊，也因此外觀看起來具有一定質感，色彩則會呈現溫潤且飽滿的色澤，若是採光不佳的廚房，可選用可增添明亮感的結晶鋼烤門片。一方面，因為是壓克力材質，耐磨程度較差，所以使用時應注意避免刮傷，顏色選擇也會比美耐板少一些。

種類	特色
5 面	5 面指的是門片的內面不包覆結晶鋼烤，以貼美耐板取代，由於門片關起來看不到，並不影響外觀，但可因此節省預算。
6 面	6 面是將門片的內面也包覆結晶鋼烤，即便打開門片也不影響視覺美感，且防潮性較 5 面佳，但價格相對比較高。

挑選重點

Point 1.

結晶鋼烤的底材是木心板，加上壓克力厚度不足，所以在光線下看起來會有些微不平整，如果很在意質感的人，選購前應該多加詢問。

Point 2.

結晶鋼烤的市場價格很混亂，部分業者會以 5 面結晶鋼烤聲稱是 6 面結晶鋼烤，所以除了比價之外也要注意材質的處理方式。

Point 3.

結晶鋼烤的面材是壓克力，耐熱、耐刮性相對較差，平常以微濕抹布擦拭即可，勿用菜瓜布刷洗。

計價方式

結晶鋼烤門片每才價格大約落在 NT.280 ～ 300 元之間，依照包覆面數、把手處理方式又會有些微差異。

▶圖片提供｜達亦精品櫥飾

鋼琴烤漆

鋼琴烤漆表面是經過 7 ～ 10 層的烤漆處理，由於後續門片必須做到十分平整的關係，因此底材選擇毛細孔較少的密底板，外層烤漆的底漆、調色漆、金油、亮光蠟幾乎將近 1mm 的厚度，與一般噴漆質感大不相同，呈現高光亮的質感。除此之外，6 面門片包覆性的均勻烤漆之下，表面硬度稍高，門片也不易脫漆、變形，光滑表面油汙更不易附著，且容易清洗。另一方面，相較於結晶鋼烤僅有色彩變化，鋼琴烤漆的紋理變化更多元。

種類	特色
亮面	表面採用亮面處理，會讓色澤較為明亮、飽和，因此適合運用在較為華麗、高調的現代感空間。
霧面	表面經過霧面處理後，色調經過沉澱，色澤看起來會比較沉穩，應用於空間也會讓人感覺較為低調、樸實。

挑選重點

Point 1.

由於鋼琴烤漆表面呈現高亮澤度，使用後在光線下小細紋、黑點都會比較使用前更明顯，另外鋼琴烤漆要注意烤漆的品質落差極大，有點類似汽車烤漆，不同價格在亮度與平整度皆有所不同，選擇信譽優良的廠商很重要。

Point 2.

鋼琴烤漆除了有鏡面光亮質感之外，還有霧面烤漆的低調做法，小空間或是採光較不足的廚房很適合選擇鏡面鋼琴烤漆，可以放大提高空間亮度。

Point 3.

鋼琴烤漆雖然是用密底板，但烤漆厚度足夠且全面性的包覆之下，底材較不易有潮濕發脹問題，表面耐水性、耐磨性、耐熱性都相當好。

計價方式

鋼琴烤漆門片同樣也是以才計價，每才價格大約 NT.650 ～ 1,500 元之間，鏡面、霧面烤漆的價格略有差異。

▶圖片提供｜達亦精品櫥飾

陶瓷烤漆

陶瓷烤漆的門片基材同樣也是密底板，表面經過多道噴塗與磨砂工藝處理而成，表面質地堅硬、基材不會與空氣接觸，所以和鋼琴烤漆一樣具有不龜裂、不脫漆、不變形的優點，很適合台灣廚房高溫的特性，硬度則是高達 4H 以上、不易刮傷，就算小碰傷也能用極細砂紙小範圍局部手工研磨後點原廠漆恢復，較大的傷痕甚至也能回廠再次整理。除此之外，還具有多種特殊框型的門片、顏色也可多變化，滿足不同居家風格。

挑選重點

Point 1.

陶瓷烤漆最大的特性就是擁有不同的門片外觀造型可選擇，包括有古典、巴洛克款式，也有簡單俐落的線條系列，不只滿足現代風格，鄉村、新古典空間也非常適用。

Point 2.

陶瓷烤漆門片擁有絕佳的耐熱性、耐水性、耐磨性，平常保養以微濕抹布沾溫水擦拭即可，十分簡便。

Point 3.

陶瓷烤漆擁有多種色系可選擇，表面呈現低調的霧面質感，與鋼琴烤漆的鏡面效果大不同，選購之前可多方比較觸摸看看。

計價方式

陶瓷烤漆門片同樣也是以才計價，每才價格大約 NT.450 ～ 1,200 元之間，並依據不同款式的框型門片有些微的落差。

▶ 圖片提供｜達亦精品櫥飾

實木

整塊門片以天然木材拼接而成，自然紋理渾然天成、質感溫潤厚實，是許多仿原木的門片無法呈現的，門片通常會有線框、飾板等立體造型設計，有多種不同木紋、深淺木色可選擇，最常見運用在古典、鄉村風格的廚房。實木門片在製作過程當中，其實經過高溫殺菌、烘乾、刨光等繁複工序，表面也會有多層次的噴塗，所以不太會有變形或蟲蛀的問題發生，但是在接合的地方還是要多加留心，建議還是需保持乾燥為佳。

種類	特色
實木貼皮	接近天然實木木紋，價格上比實木門片便宜，若有預算考量，可選擇比較近的實木貼皮。
仿木貼皮	擬真木質紋理，但仍有較重的人造感，價格比實木貼皮便宜，可視預算考量做選擇。

挑選重點

Point 1.

取材天然木材的實木門片，木材的種類繁多，包含胡桃木、楓木、櫻桃木等等，每種木紋的紋理質感、特色不盡相同，有些價格落差也很大，應多比較與了解。

Point 2.

實木門片除了原色之外，也能透過加工刷染或是烤漆處理，搭配空間風格做出合適的顏色。

Point 3.

實木門片由於取材不易、製作方式繁複，是門片當中價錢最高的材質，加上需費心保養，若習慣大火快炒、料理頻率又高的家庭，應慎重考慮。

計價方式

實木門片以才計價，價格大約是 NT.800 ～ 2,500 元／才，並隨著木種花色、款式而有所不同，若是有做刷色或烤漆處理則須另外計價。實木門片多數運用在古典、鄉村風格的廚房，如果想要層次更豐富的線板或踢腳板，價格上會增加許多門片以外的費用。

▶圖片提供｜上陽室內設

檯面

抗刮防燙的備料好幫手

廚房檯面主要功能是提供良好的備料環境，因此考量切菜、洗菜到烹飪的所有動作，必須具備防水、抗刮、耐高溫特性。同時從搭配的美觀來看，檯面也是眾所矚目的區域，在選材時需注意色系、花紋，並與整體空間融合搭調。一般最常見檯面材質為人造石，以樹脂、石粉、顏料等膠質合成，表面完全沒有毛細孔，耐髒污也好清潔，而無毛細孔的特性也不易吸水，因此也耐潮。人造石雖然易於塑型，但質

▶圖片提供｜德力設計

地較軟，容易產生刮痕，使用和清潔上不可使用尖銳物品擦刮。

石英石，是以石英、礦石等高壓高溫製成，因此相當耐熱，甚至可放置滾燙鍋底。硬度僅次於鑽石，解決了人造石較軟的問題。而表面同樣沒有毛細孔，無須擔心汙漬滲入，相當好清潔。一般坊間稱之賽麗石、矽鋼石、帝通石的檯面，皆屬石英石的一種，僅是品牌稱呼的差異。除了人造石材之外，也可使用大理石、花崗岩這種本身堅硬的天然石材。但由於清潔保養較為不便，近來較少被運用於料理檯面。

種類	特色	優點	缺點
人造石	以石粉、樹脂等材料混合製成。硬度低、可塑性高，能施作任何圓弧彎曲等造型變化。除了素色，也可做出仿石紋的表面。	無毛細孔，好清潔。易於塑型，可達到無接縫效果，價格經濟實惠。	材質較軟，容易產生刮痕、龜裂，耐熱性能略差。
石英石	運用天然石英、礦石顏料、聚合樹脂等，以高溫高壓方式製作而成，硬度高。石英石熔點高達 1500 度以上，可耐高溫。	堅硬耐磨，使用上不怕被刮花，耐熱性能好。無毛細孔，方便清潔保養。	硬度高，因此不易塑型。價格較高。
天然石材	主要可使用大理石或花崗石，具有獨一無二的自然紋理。硬度高，但髒污容易滲入，用久了易吃色。	硬度高、質地堅硬，可抗刮、抗磨損。	具有毛細孔，容易堆積油垢，也會有吃色問題發生，清潔保養較為不便。
不鏽鋼	遇水不怕生鏽，一般多與不鏽鋼桶身一併施作。不易腐鏽的特性，無需過於費心保養，能拉長使用年限。表面除了亮面，也有亂紋、毛絲面可做選擇。	具有超強的耐水性、耐磨、耐熱。表面光滑，髒污不易附著，好清理。	若表面採用壓花處理，本身會有凹凸起伏，遇有油汙沾染較難以清潔。

▶ 圖片提供｜達亦精品櫥飾

人造石

以樹脂、石粉、顏料等膠質合成的人造石檯面，表面拋光後幾乎完全沒有毛細孔，擁有耐髒汙、好清潔特性，且由於硬度低、可塑性高，不但能施作任何圓弧彎曲等造型變化，又能達到無接縫效果，稱得上是經濟又實惠的選擇。然而也因為屬於壓克力製品，檯面較容易產生刮痕、龜裂及吃色，耐熱性能相對也略差，並不建議直接將熱鍋放置於檯面上。另有廠商推出「奈米滅菌人造石」，將奈米SKG 滅菌加入人造石結構中，讓檯面具有防潮、防霉、除臭等功能。

種類	特色
單一素色	為單一顏色的人造石，價格較便宜，一般來說可依個人喜好，及廚房風格做顏色上的挑選，但因人造石質地較軟，容易有刮痕，因此基於好保養原則，建議避免選用深色。
仿石材花色、紋理	除了單純素色，人造石也可做出仿天然石材的花色、紋理，甚至自行設計檯面花色，如：圓點設計，不過檯面花色面積愈大愈複雜，價格相對也就愈高，最好視個人預算做選擇。

挑選重點

Point 1.

料理區域建議以淺色紋理為佳，一有髒汙可立刻清潔擦洗，使用更耐久，深色檯面若有刮痕反而更明顯。

Point 2.

劣質人造石大概使用1～2年就會變黃，選購時可注意是否有人造石合作廠商的合約書以及金牌LOGO，確保品質來源。

Point 3.

目前以韓國LOTTE（即為過去市場上常見的SAMSUNG人造石）、LG，以及美國杜邦為主要人造石品牌，其中杜邦硬度稍硬。要注意的是，人造石刮痕雖可以拋光打磨處理，但造成的粉塵影響很大，不適合在已經有人居住的空間施工，拋光打磨事後的清潔並非想像中那麼簡單。

計價方式

人造石檯面以「公分」為計價單位，依據產地、品牌間的差異，每公分價格大約落在NT.80～140元，若遇有特殊造型則另外計價。

▶ 圖片提供｜達亦精品櫥飾

石英石

石英石主要成分是天然石英、礦石顏料、聚合樹脂等，以高溫高壓方式製作而成，優點是硬度高甚至僅次於鑽石，具有堅硬耐磨特性，使用上不怕被刮花，且石英石的熔點高達1500 度以上，耐熱性能也非常好，表面同樣沒有毛細孔，無須擔心汙漬滲入，對熱愛料理的人來說相當實用且易於保養維護。此外，石英石表面處理選擇也比人造石來得豐富，如燒陶面、皮革面等，可惜的是硬度高、不易塑型，而一般坊間稱之賽麗石、矽鋼石、帝通石的檯面，也都是屬於石英石的一種，僅是品牌命名的差異。

種類	特色
亮面	未經表面加工，光亮的表面和細滑的觸感可呈現廚房潔淨感。若挑選較鮮豔的色彩，可增添廚房活潑氣息。
皮紋面	在石英石表面加工，做出類似皮革的表面紋理，觸感真實，看起來比較不會有石材的冰冷感。
燒陶面	外觀看起來較接近石材表面紋理，一般有多種燒面可供選擇，大面積使用，可展現大器空間感。

挑選重點

Point 1.

賽麗石與帝通石雖然都是石英石檯面，但硬度仍有些微差異，帝通石硬度更高、且擁有如大理石般的紋理，兩者價差大。

Point 2.

賽麗石產品會印有SILESTONE MADE IN SPAIN 標誌，選購時要注意，避免買到劣質仿冒品。

Point 3.

除了單一純色之外，賽麗石、帝通石擁有許多紋理變化，建議可針對空間風格或是透過中島吧檯的跳色選擇，創造視覺焦點。

計價方式

石英石檯面以「公分」為計價單位，視品牌不同大約為NT.120～320 元之間，另外由於硬度高的關係，小型機具無法做拋光打磨處理，也難以如人造石施作造型。

▶圖片提供｜德力設計

天然石材

常見的天然石材檯面大約有大理石、花崗石兩種，相較於其它檯面材質，天然石材最吸引人的就是具有獨一無二的自然紋理，非人工可比擬。另外由於硬度高、質地堅硬，因此抗刮、抗磨損。然而，最令人詬病的是，天然石材具有毛細孔，容易堆積油垢、若不小心打翻飲料醬汁，也會有吃色的問題發生，清潔保養較為不便，近來也較少被運用於料理檯面，可考慮規劃於中島吧檯。

種類	特色
花崗石	常被用來做為檯面的天然石材，硬度夠、耐磨，且其特殊的天然紋理，能展現石材魅力，豐富空間元素。
大理石	硬度不如花崗石，但其紋理線條優美，大面積使用，很能襯托大器質感，如果使用兩塊以上拼接，需注意對花問題。

挑選重點

Point 1.

如果還是希望使用天然石材做為廚房檯面，建議規劃於無油烹飪的中島吧檯，可挑選紋理獨特的款式打造，突顯空間的大器氛圍。

Point 2.

天然石材本身具有毛細孔，可定期打磨拋光養護，讓檯面常保如新。

Point 3.

花崗石密度跟硬度都較大理石高，但容易有水斑問題，如果還是喜歡天然石材，會建議以大理石為首選。

計價方式

天然石材檯面依據石材的種類，價格落差極大，半圓、導角等加工則另外計價。

▶圖片提供｜達亦精品櫥飾

不鏽鋼

愈來愈多人會選擇不鏽鋼檯面，最主要的原因就是，不鏽鋼具有超強的耐水性、耐磨、耐熱、好清理等優點，也沒有褪色、泛黃、龜裂的問題，無需過於費心保養，就能使用一輩子；而常見的不鏽鋼檯面，除了亮面，還可以透過後續加工成毛絲面、亂紋等表面，提供亮面以外的選擇。除此之外，若是同樣選擇不鏽鋼水槽，兩者可以一體成型無接縫結合，也能避免矽利康接縫處久了易發霉滋生細菌等問題。

種類	特色
亮面	表面光滑，完整呈現金屬材質亮澤特色，但容易讓空間感覺較為冰冷，刮痕也較明顯。
霧面	經過加工處理，維持其光滑特色，但降低亮澤程度，同時也可略為降低金屬冰冷感，刮痕較亮面不明顯。
亂紋	表面做不規則紋理處理，由於紋理走向不規則，因此不容易看出刮痕，使用久了表面看起來也比較自然。
毛絲面	加工後產生明顯的直線條紋路，雖說不易看出表面刮痕，但用久了，刮痕會和毛絲面衝突，看起來較不美觀。
壓花	在不鏽鋼表面做壓花加工，可試個人喜好選擇壓花圖案，加工後表面會有花紋的凹凸觸感。

挑選重點

Point 1.

不鏽鋼檯面款式以毛絲面、亂紋、壓花為最大宗，毛絲面在清潔上建議照著紋理刷洗，亂紋面較無須費心，而壓花面因表面凹凸處理，遇有油汙沾染較難以清潔。

Point 2.

不鏽鋼檯面厚度分為0.6～1mm，底下再包覆木心板，建議選擇0.9mm厚度即可，若是太薄的不鏽鋼檯面，經過拋光打磨後會變得更薄反而不好看。

Point 3.

日系不鏽鋼廚具單價高，且檯面多半都有上兩層保護劑，不適合日後拋光處理，平常清潔保養也建議避免用菜瓜布刷洗，而是以濕抹布擦拭。

計價方式

台製不鏽鋼檯面以「公分」計價。每公分NT.40～140元，低階的不鏽鋼材質顯得平易近人，雖然是台製不鏽鋼，但也有廠牌強調原物料來自日本，品質完全不輸給日本製。

▶圖片提供｜上陽室內設計

櫃體

防潮耐用的基石

由於廚房中經常需要水洗，濕氣容易積聚，因此會接觸水氣的櫃體必須特別注意材質的防潮性，才能用的長久。而組成櫃體的常用材質有塑合板、木心板和不鏽鋼。塑合板，也就是所謂的系統板材，本身以木屑壓製而成，經過高溫壓熱處理。

▶圖片提供｜浩室空間設計

早期引進的塑合板 V20、V100，防潮係數很低，經過近幾年科技改良的 V313，防水性、堅固性與密合度相對提高很多。目前更有廠商推出奈米滅菌塑合板，在板材的製作過程中融入奈米抗菌粒子，廚具櫃體即會自動啟動滅菌功能，降低霉菌、細菌的入侵。

其中木心板，本身有三層結構，中央以實木條拼接，上下兩側再貼覆夾板，耐潮且加工容易，用於系統廚具櫃體，表面再貼覆白色或灰色 PVC，要注意的是 PVC 的質地較軟且容易卡髒汙，需注重清潔。但由於木心板的成本較高，目前已較少人選用。

一般不鏽鋼的廚具桶身最常使用的等級是 304，成分為 18% 鉻、8% 鎳，遇水不會生鏽，相當適合廚房這種會有水氣的區域。而若要選用不鏽鋼，多半從檯面、桶身都會一併施作，價錢相對較高。

種類	特色	優點	缺點
塑合板	運用木材碎片、樹脂和其他黏著填充物高溫熱壓壓製，再加上有浸泡過防腐藥水，可避免蟲蛀問題。外層表面壓合美耐皿材質，可避免水氣滲入。	具有防潮、耐壓、耐撞擊、耐熱、不易變形等特性。	封邊貼皮處理不好，會不平整。
不鏽鋼	在廚房多選用 304 等級不鏽鋼。依照製作方式可分為單層、雙層。單層不鏽鋼是選用 0.5 ～ 0.6mm 鋼板，施作角料去支撐櫃體，最後再以不鏽鋼包覆角料。雙層不鏽鋼則是利用木心板包覆六面不鏽鋼板，相較之下會比單層來得堅固。	不鏽鋼有耐高溫、防水特性，且不易腐鏽，是十分耐用的材質。	表面若有刮痕，會很明顯且不易修復。

▶ 圖片提供｜達亦精品櫥飾

塑合板

塑合板也有人稱美心板，是由木材碎片、樹脂和其他黏著填充物以高溫熱壓壓製而成，外層表面則是壓合美耐皿材質，早期引進的塑合板V20、V100防潮係數很低，經過近幾年科技改良的V313，防水性、堅固性與密合度相對提高很多，具有防潮、耐壓、耐撞擊、耐熱、不易變形等特性，對於森林開墾速度愈來愈快的地球，在環保上頗具貢獻，在國外是廣泛被運用的材質。除此之外，更有廠商推出奈米滅菌塑合板，在板材的製作過程中融入奈米抗菌粒子，廚具櫃體即會自動啟動滅菌功能，降低霉菌、細菌的入侵。

挑選重點

Point 1.

建議應挑選通過綠建材環保標章的品牌，確保居家環境的健康，E1-V313是目前最為普遍的防潮塑合板。

Point 2.

塑合板為木屑壓製而成，可以觀察板材側面的孔隙大小，一般來說孔隙愈密實愈小愈好，如果孔隙太大，代表不夠密實。

Point 3.

塑合板的顏色豐富多樣，表面為美耐皿材質、容易清潔，但有些品質不佳的塑合板表面貼覆的美耐皿會不夠平整，可多比較注意。

計價方式

塑合板根據櫥櫃形式差異，分為吊櫃NT.120～130元／公分、底櫃NT.130～140元／公分、高櫃NT.265元／公分。但也有廠商是以才計價，塑合板每才約NT.150元起(包含施工、板材等級愈高，價格還會再增加)。

▶圖片提供｜德力設計

不鏽鋼

過去最常見不鏽鋼被應用在餐廳的專業廚房，而近幾年工業風盛行，不鏽鋼材質也漸為一般人接受，更大量運用於居家空間，而由於其耐用、防水優點，因此受到許多主婦喜愛，並將不鏽鋼材質用於廚房流理檯檯面，甚至延用至整個櫃體。不過，所謂不鏽鋼櫃體本身並非全然是不鏽鋼材，依照製作方式分為單層、雙層，單層不鏽鋼是選用0.5～0.6mm 鋼板，接著施作角料去支撐櫃體，最後再以不鏽鋼包覆角料；雙層不鏽鋼則是利用木心板包覆六面不鏽鋼板，相較之下會比單層來得堅固。

種類	特色
304 不鏽鋼	一般不鏽鋼廚具桶身最常使用的等級，成分為18％鉻、8％鎳，不會生鏽，價錢相對較高。
202 不鏽鋼	不鏽網等級較低，也有人拿來做廚具桶身，但磁鐵無法吸附，生鏽機率高，價格也比較便宜。

挑選重點

Point 1.

不鏽鋼板分304、316 等級，最高級的不鏽鋼為316，一般是使用在醫療器具、化學工業上，廚具通常是使用304 等級(18-8)。

Point 2.

不鏽鋼櫃體底板是木心板，外層包覆不鏽鋼，包覆又有分單層和雙層，不鏽鋼板厚度通常則是介於0.4～0.6mm，選購之前可多詢問清楚。

Point 3.

日系、歐洲品牌不鏽鋼廚具售價比起台製高貴許多，歐洲品牌線條造型俐落大方，日系則訴求強大的收納功能。

計價方式

不鏽鋼基材單層0.5 櫃體是NT.2,600 起／每台(60 公分以內是統一價，即NT.2,600 元)。

▶圖片提供｜弘第 HOME DELU

設備

支撐廚房運作的必備功臣

廚房設備雖琳瑯滿目，但基本的鎮廚之寶——水槽、龍頭、門把及收納五金則是不可或缺的主要項目。即使是不常開伙的家庭水槽跟龍頭也是必備。水槽材質以不鏽鋼、人造石跟花崗岩這幾類為主，實用性最高的首推不鏽鋼材質。人造石水槽沒有毛孔、易於加工，跟不鏽鋼一樣皆可搭配同質檯面一體成型。而花崗岩槽較人造石抗酸、耐磨損，但價格相對更高。

出水龍頭造型上分固定型及可伸縮式，傳統單槍式龍頭不但平價，且透過單把左右操控就能調整冷熱是普遍應用款式。而伸縮龍頭方便清洗角落，即使是大水槽也能輕鬆整理。而廚房裡掌管收納的櫥櫃跟抽屜，需要門把跟五金輔助才能順暢作用。門把分為隱藏式跟外露式。隱藏式把手優點在於讓廚具線條更簡潔俐落，外露式把手選擇性多更能搭配設計風格。收納五金重點在承重後的順暢度；但五金受產地、品牌、功能等因素影響頗鉅，普遍認同進口五金耐用度高，但價格高出國產許多，尤其是大廠牌產品（例如 BLUM）價差可能達 10 倍以上。然而在強調實用性的廚房中，基本的東西是最重要的，謹記「機能優先，習慣主導」的原則，方能篩選出最適合的品項。

種類	特色	優點	缺點
水槽	主要功能為洗滌食材、碗盤等，除了機能取向外，在注重風格的現代有更多材質如：人造石、花崗岩等可選擇；根據使用習慣及便利性，亦有尺寸大小及單、雙槽之分。	以現有技術，水槽可挑選與檯面相同材質做到無接縫，不僅能避免發霉，視覺上也更美觀。	若使用品質不佳的人造石會有黃變問題。
龍頭	龍頭是出水路徑，除了清洗功用更與健康相關，因此要特別著重材質含鉛量是否過高。目前普遍為單一功能，但亦有結合淨水、伸縮等功能的多功能龍頭。	單槍型操作簡單、價格平實。複合型機能升級，增加使用便利。	選用龍頭時要注意水壓，尤其是伸縮龍頭若水壓不足，容易有出水量小問題。
門把	門把主要作為門片開啟施力點；雖說是小配件，卻能決定櫥櫃風格走向，目前現成把手款式多元但價差大，隱藏式為目前潮流。	內嵌型把手減少線條干擾及碰撞。外露式把手材質、造型多變，易於搭配居家風格。	隱藏式 45 度斜把手因施力原理關係，較其他門把難開啟。
收納五金	收納五金負責承重，也跟收納息息相關；但國產及進口在品質與價格上皆有落差，選購前應要仔細檢視自身需求跟烹調習慣。	針對空間及收納便利性，分別有拉籃、側拉籃及怪物系列五金，皆可有效利用畸零空間、放大廚房坪效。	轉角五金為了預留連動推拉寬距，實際可收納容量可能因此變小。

▶圖片提供｜德力設計

水槽

目前市場上常見的水槽材質包括不鏽鋼、人造石、花崗岩，極少數還有珐瑯材質。每種材質各有優缺點，像是不鏽鋼雖然耐刮、無須特別保養，但對於講究風格的人來說，也許會覺得過於冷冽、突兀。花崗岩水槽雖然質感佳也耐用，然而缺點就是單價高，對於預算有限的人會難以下手，因此，選擇水槽時，應從預算做考量，並針對烹調習慣做尺寸與材質的挑選，另外也有水槽結合砧板、瀝水，以及講究靜音的設計等等，這些也都能納入篩選關鍵。

種類	特色	注意事項
不鏽鋼	耐高溫、耐磨、耐刷洗，是水槽中耐用性最高的材質，日系品牌甚至強調水槽底部、側面都有吸震構造，達到靜音效果。	不鏽鋼水槽除非是搭配不鏽鋼檯面才能作一體成型設計。
人造石	人造石水槽有多種顏色可挑選，沒有毛細孔、不易滋生細菌、藏汙納垢，也可以搭配人造石檯面作一體成型設計。	品質不佳的人造石會有黃變問題，選購時要多注意。
花崗岩	主要成份是80％的石英砂，表面無孔零縫隙，具抗污、耐磨損、抗酸、耐高溫等特性，持久耐用好保養，顏色選擇也多。	價格較為昂貴，容易刮傷表面有塗料的鍋具及餐具。

挑選重點

Point 1.

習慣以中式炒鍋料理的人，建議選擇60公分以上的大單槽，洗滌鍋具會更方便好用，不過若是廚房空間不大，勢必也會稍微縮減料理檯面。

Point 2.

水槽亦有分單槽和雙槽，有些人認為雙槽功能較多，可以針對碗盤油汙程度分類，子槽也可以用來清洗水果或是暫時放置洗好的碗盤。

Point 3.

若希望檯面與水槽可做一體成型設計，建議選擇相同材質，如此也能避免接縫處滋生細菌、難以清潔。

計價方式

除了材質，國產或進口也是價格產生高低落差的原因。不鏽鋼水槽國產到進口品牌價格大約落在NT.8,000～30,000元左右，人造石水槽約莫NT.6,000～15,000元之間，花崗岩水槽則是NT.21,000～28,000元左右。

▶ 圖片提供｜德力設計

龍頭

廚房水龍頭主要提供烹調清潔使用、沖洗水槽等功能，多數使用者為了飲用水安全，也會選購添加淨水功能的水龍頭。除此之外，台北市宣布汰換完成無鉛水管後，無鉛水龍頭因而成為討論議題，其實早從2017年一月開始，檢驗合格的水龍頭本體須標示「LF」字樣，外包裝也要具備「飲水用」且貼示「商品檢驗標識」，因此消費者在選擇水龍頭時，除了外觀、功能，也要特別著重水龍頭的材質與檢驗合格與否，才能確保安全性。

種類	特色	注意事項
伸縮龍頭	內藏伸縮軟管，可將水龍頭長度延伸，方便清洗水槽角落，適合搭配大水槽使用。	若水壓不足，容易有出水量小的問題，因此應先確認家中水壓，是否適合安裝。
單槍式水龍頭	外型簡約耐看，透過單把手左右操控就能調整冷熱水，是婆婆媽媽最喜歡的款式，價錢也最平價。	冷熱水整合於一體，開關多採「左熱右冷」設計，向左旋開使用時，容易不小心燙到。
3合一水龍頭	無須另外加裝淨水器，廚房水龍頭也能整合淨水器功能，飲用水更加方便，就不用在水槽上預留安裝淨水器龍頭。	建議選擇自來水管與RO淨水管採分離雙管路設計，而非共用管路，確保飲用水的安全。
鵝頸龍頭	鵝頸龍頭有簡潔圓弧線條設計，是目前普及的龍頭款式，有些鵝頸龍頭也有結合伸縮、RO淨水的功能選擇。	

挑選重點

Point 1.

依照國家標準，飲水用水龍頭材料含鉛量不得超過0.25%，選購時應注意含鉛量，或是選擇無鉛水龍頭。

Point 2.

水龍頭雖然都是不鏽鋼原色，但也有進口品牌推出與水槽同色的水龍頭，有咖啡色、米色、灰色等選擇，提升廚房整體質感。

Point 3.

廚房龍頭材質分為不鏽鋼、銅合金等等，不鏽鋼材質不易生鏽、腐蝕，也能抗氧化，較為堅固耐用。

計價方式

廚房龍頭價位根據國產、進口，以及款式與功能上的差異，從數千元至上萬元不等，日系品牌結合伸縮、淨水的龍頭甚至要高達NT.30,000元左右，選購時建議衡量整體廚房預算。

▶ 圖片提供｜達亦精品櫥飾

門把

廚具門把主要作為門片開啟的施力點，市面上的把手設計選擇眾多，最常運用在廚具設計上的包括45 度斜邊門把、嵌入型把手、現成把手三種，45 度斜門把也就是無把手設計，少了線條干擾，對廚房空間來說會更簡潔俐落，但門片開啟的流暢度卻不如其他兩種門把，若是不小心醬料、油滴落，也會順著門片流入櫃體內，反而不好清潔。另外，現成把手和嵌入型把手算是開啟度最順暢好施力的款式，不過也有人認為常見的內嵌G 型把手在清潔上並不是很方便，選購之前建議可親自嘗試開啟看看。

種類	特色	注意事項
45 度斜邊把手	屬於看不見的門把設計，直接在門片的框邊以修邊機打型成45 度角，透過45 度斜角提供開啟門片的施力點。	45 度斜把手因為施力原理關係，和其他門把比起來，較難開啟。
內嵌型把手	內嵌型把手還可分成嵌門片與嵌櫃體設計，前者常見如G 型、F 型把手，嵌櫃體作法會更加容易施力，而且廚具層次感更鮮明，很多進口廚具皆採此種作法。	嵌櫃體門把因為嵌在櫃體上，所以會稍微縮減一些櫃體內部空間。
現成把手	現成把手又分單孔、雙孔，造型、材質相當多元，除了金屬、陶瓷，也有皮革等選擇。	家有幼兒較容易碰撞受傷。

挑選重點

Point 1.

45 度斜把手設計，門片材質相當重要，因為長期開啟觸摸之下，很容易沾染污垢，最好選擇木質色系或深色系，會比較好保養清潔。

Point 2.

內嵌型把手相較其他款式的把手，開啟時會更加得心應手，線條也很簡潔俐落。

Point 3.

現成把手的優點是造型選擇多，施力點明確、也很好開啟門片或抽屜，通常美式、鄉村風格比較常選擇現成把手做搭配。

計價方式

現成把手的設計與材質差異性很大，單支價錢可以從幾十元到上百元不等，隱藏式斜角把手和內嵌型門把則是以公分計價，每公分從NT.80～130 元之間不等，但也有以單支或單一門片加工來計算，施作前可多加詢問。

▶ 圖片提供｜達亦精品櫥飾

收納五金

廚房空間的整齊與否，櫥櫃內的收納五金扮演重要角色。最常見的收納五金包括抽屜、側拉籃、拉籃，其中尤以抽屜的接受度最高，有些大抽屜打開後又會再細分小抽屜，形成抽中抽的分類效果。如果廚房空間不大，踢腳板也是相當好利用的地方，可規劃為足元抽屜，增加20％的收納空間，另外廚具的轉角也可妥善搭配轉角怪物五金，讓空間達到徹底利用也便於拿取，而不論是哪種收納五金，記得都必須先計算好鍋具碗盤數量，以達到最有效的分類與使用。

種類	特色	注意事項
拉籃、側拉籃	拉籃、側拉籃皆屬於抽拉式設計收納五金，側拉主要放置調味料、砧板，拉籃規劃於爐具下方則可收納鍋具、碗盤。	側拉籃應依照料理者習慣使用動線決定配置方向。
踢腳抽（足元抽）	利用踢腳板空間衍生的收納，源於日系廚具，台灣廚具廠商亦可規劃。足元抽高度約18 公分，可收納較不常使用的器具。	規劃足元抽，廚房地面一定要具平整性，老公寓地板歪斜、不順等都必須重新拆除做地面水平校正。
怪物（大小怪物）	針對轉角空間設計的收納五金，小怪物通常規劃於下方櫥櫃，打開門片後會連帶推拉出收納物品，大怪物則是運用於高深櫃。	轉角類五金最重視拉取順暢度，國產品質有一定水準，進口精密度更高，但價格也高出國產許多。
抽屜	廚具抽屜多半具備緩衝滑軌設計，目前評價最好的為BLUM 抽屜，可分為鋁抽、木抽、超薄金屬等材質。一般通常會在爐具下規劃兩大抽屜、料理檯下三個抽屜。	抽屜內可加裝分隔系統，像是磁吸式分隔棒、可調式分隔板，以便更好做分類。

挑選重點

Point 1.

櫥櫃內的收納五金安排，建議根據鍋具碗盤種類作選擇，熱愛料理的人多有各種不同尺寸鍋具，此時可考慮加大鋁抽設計。

Point 2.

收納五金配置動線十分重要，應依據料理者慣性作規劃，例如側拉籃主要是放置調味用品，怎麼拿才順手都要事先考慮清楚。

Point 3.

選購廚房收納五金時，建議現場試著推拉，測試滑軌流暢性及抽屜開闔性。

計價方式

拉籃、側拉是收納五金當中較平價的單品，價錢大約為NT.1,000～2,500 元之間，怪物系列則是針對尺寸規格差異，價錢大約至少NT.5,000 元以上，BLUM 抽屜大約是NT.5,000 元左右，視材質也會有所差異。

▶圖片提供｜浩室空間設

電器

品味與機能的廚房推手

隨著觀念與生活型態的改變，廚房家電與設施也逐漸朝向精緻化、安全化前進；不但在功能上升級，也成為品味展示的象徵。就加熱設備來看，台灣消費者還是習慣明火烹調方式，所以是以瓦斯爐為主。瓦斯爐包含外露式及嵌入式兩大類。燃氣接口與瓦斯來源與是否吻合？爐台開挖尺寸是否能與廚具搭配？是選購重點。而內嵌式的電爐不但油煙少、清潔容易，IH 感應爐亦不會造成檯面及室溫升高，在安全性、舒適度

▶圖片提供｜RND Inc. 空間設計事務所

上勝於瓦斯爐，成為市場新寵兒。抽油煙機款式眾多，習慣中式快炒可以選擇吸力強的傳統款，料理頻繁者則可針對免用清潔劑的除油功能多些留意。若是不常下廚或是「外貌協會」一員，可以選擇凸顯機體造型的歐化抽油煙機或是隱藏式抽油煙機，都能替廚房美觀添星。至於討厭的洗碗工作，不論是獨立或嵌入式洗碗機都有多段洗程可供選擇，預算充足則可選購附有獨立烘乾功能或自動漏水偵測機款，更能提升使用滿意度。而針對有品酒習慣的家庭，不論是單一控溫或是微電腦操控，都能讓美酒有更適切的保存環境。俗話說「工欲善其事，必先利其器」；想要更從容地悠遊在廚房天地，不妨多花點心思挑選這些廚房幫手，必能大大提升烹調與飲食的樂趣！

種類	特色	優點	缺點
瓦斯爐	包含外露式及嵌入式兩大類。選購前要注意瓦斯來源與燃氣接口是否吻合，避免選購錯誤造成瓦斯燃燒不完全。	外露式台爐安裝方便、單價低。嵌入爐、檯面爐美觀性高，亦具備爐口數量自由選擇優勢。	檯面爐強化玻璃雖耐熱達300度以上，但要避免將熱鍋直接置於面板以免開裂。
抽油煙機	抽油煙機款型眾多，功能主訴亦不相同。選購前須依烹飪習慣、空間大小來抉擇機體尺寸、吸力與款式。	標準抽油煙機吸力強。歐化抽油煙機凸顯機體線條，可為風格加分。	倒T型濾網會卡住油垢導致排煙功能變差，最少2～3天要清潔一次。
電爐	電爐熱效能不遜於瓦斯爐，但安全性高，油煙也較少，是兼具節能與健康的好選擇。	平面造型清潔容易，且IH感應爐爐面的溫度低，不會燙傷和造成室溫升高。	電陶爐使用後爐面溫度高，容易燙傷。IH感應爐則有鍋具限制。
洗碗機	市面款型分獨立及嵌入式兩種，除多段洗程選擇外，可將特別在意的附加機能納入選購評比。	相較於手洗，更能提高節能效率與乾淨度。	若無自動漏水偵測，可能會造成廚房大淹水。
酒櫃	造型上大致分為獨立型、嵌入型兩種。控溫方式則有單一溫控、雙重溫度或微電腦控制幾種。	藉由電腦控溫，讓酒保存環境更理想，有獨立型與嵌入型兩種款式可選擇。	酒櫃門片若非抗UV紫外線玻璃，容易影響紅酒保存。

▶ 圖片提供｜磨設計

瓦斯爐

台灣目前市佔率還是以瓦斯爐為主，原因在於消費者還是習慣明火烹調方式，以瓦斯爐種類來說，又以檯面爐為市場主流，且因具備雙口爐、三口爐選擇，對於追求烹調效率者就能選擇三口爐。另外針對不同的烹調方式，市售品牌亦推出多種爐火設計滿足需求，例如快炒和油炸都需要大火，燉煮類則講究文火，甚至還有油炸溫度設定對照按鈕，重視火侯的人，選購時可特別注意爐火特性是否符合需求。

種類	特色	注意事項
傳統台爐	台灣早期最常見的瓦斯爐種類，直接放在廚具檯面、連接瓦斯管線就能使用，安裝方便。	
嵌入爐	嵌入爐屬嵌入廚具檯面設計，開關旋鈕跟台爐一樣都在前方，爐台材質有不鏽鋼、玻璃、琺瑯可選擇。	廚具需開孔才能安裝置入，所以選購時要注意尺寸與瓦斯爐規格。
檯面爐	同樣嵌入廚具檯面，開關旋鈕位於檯面上，操作更方便，視覺也更美觀，有不鏽鋼、玻璃、琺瑯材質面板選擇，依烹調習慣可分為單口、雙口、三口爐。	雖然強化玻璃耐熱達300度以上，但建議不要將熱鍋直接置於面板上。

挑選重點

Point 1.

確認家中瓦斯來源為天然瓦斯或是桶裝瓦斯，兩種燃氣的瓦斯接口並不相同，若選購錯誤反而會造成瓦斯燃燒不完全，購買時應注意產品包裝標示。

Point 2.

依烹調習慣選擇瓦斯爐火，根據市售品牌大致可分內燄爐、蓮花爐、雙炫火等等，內燄爐、雙炫火加熱迅速，可節省時間，適合大火快炒，蓮花爐屬於密閉構造，可防止湯汁滲入，清潔方便，也較適合長時間燉煮類型。

Point 3.

注意安全裝置設計，瓦斯爐最怕中毒或氣爆危險，選購時可比較各品牌安全裝置，例如防空燒、防過熱，發生湯汁溢出熄火時，就會自動中斷瓦斯供給。

計價方式

瓦斯爐根據台爐、嵌入爐、檯面爐的種類與品牌差異，大約從NT.8,000元～14,000元之間不等，台爐、嵌入爐算是價錢最便宜的款式，檯面爐價格幾乎都會超過NT.10,000元以上。

▶ 圖片提供｜裏心空間設計

抽油煙機

抽油煙機是廚房最關鍵的設備，尤其開放式餐廚成為現在的趨勢，抽油煙機的選購更顯重要，除了依照烹飪習慣、廚房空間大小抉擇抽油煙機的尺寸、吸力與款式之外，安裝時也要特別注意必須距離爐具65～70公分，太低會撞到頭、太高又會影響吸力，若是抽油煙機側邊有小窗，烹調時應先關閉，避免風向影響吸力。此外，排風管的管徑一般分為5.5吋、6吋，排風管太細反而會造成倒風，而管線長度也應在5公尺以內，避免有過多的彎折，否則同樣會導致吸力減弱。

種類	特色	注意事項
標準抽油煙機	通常可分為標準式、斜背式、深罩式，這三種較受婆婆媽媽喜愛，若以集煙效果來說，深罩式會比其他兩款更佳。	
歐化抽油煙機	包括倒T型、漏斗型設計，線條簡潔俐落，若單就造型上來說，漏斗型的吸力會較為集中。	倒T型油網建議2~3天就必須清潔，最簡單的方法是放洗碗機清洗。
隱藏式抽油煙機	抽油煙機機體會藏在櫥櫃內，僅露出前方操作面板，甚至也有全隱藏式抽油煙機，使用時只要將玻璃飾板拉下就會自動啟動排風。	直接鑲在廚房櫥櫃較不佔空間，但須配合櫥櫃設計。
中島型抽油煙機	國產品牌多為壁掛式抽油煙機，由於歐美多為開放式廚房，因此進口品牌抽油煙機還有中島型可選擇，常見造型如倒T型、圓形、方形，近期國內品牌亦有開發中島抽油煙機。	安裝時須注意與天花板的承重與結構性，同時也要預先做好排煙管線的路徑安排。
特殊款式	進口品牌亦有推出直接裝設於爐具前方的隱藏升降式抽油煙機，以及如同吊燈造型的抽油煙機，讓廚房視覺更為美觀。	特殊款式抽油煙機單價偏高，至少都需10萬元以上。

挑選重點

Point 1.

若是以中式料理為主的家庭，抽油煙機排風量建議每分鐘至少要13立方米為佳，另外要注意的是，進口品牌標示排風量多以每小時為單位，比較時記得要轉換為分鐘。

Point 2.

抽油煙機寬度通常需大過爐具至少10公分，避免油煙往兩側溢散，選購時也要根據廚房空間大小來抉擇，大廚房甚至必須用到100、120公分。

Point 3.

料理頻繁的家庭，不妨多比較其他附加功能，例如電熱除油、蒸氣除油，都是訴求免添加清潔劑，透過高溫蒸氣、電熱轉換的方式就能去除油汙。

計價方式

抽油煙機種類相當多，加上國產、進口品牌差異，導致價差落差很大，以國產品牌來說，初階機種(例如隱藏式、深罩式)大約NT.6,000~8,500元，功能多一點的要NT.15,000~25,000元之間，進口品牌則是從NT.30,000元起跳。

▶ 圖片提供 | 德力設計

電爐

隨著生活型態轉變以及基於安全考量，有愈來愈多人選擇電陶爐、IH 感應爐取代傳統瓦斯爐，但也有人誤解這兩種爐具無法適用中式熱炒料理，其實從熱效能來分析，依序是 IH 感應爐、瓦斯爐、電陶爐，差別只在於瓦斯爐是看得到的明火，IH 感應爐和電陶爐則是電能，而且瓦斯爐使用時會提高室溫，夏季烹調極為不適，相較之下，IH 感應爐不會造成室溫升高，料理時反而更為舒適，且不論是電陶爐或是 IH 感應爐，產生的油煙都比瓦斯爐更少，對開放式廚房來說更實用。

種類	特色	注意事項
電陶爐	透過加熱玻璃面板傳熱鍋具原理，表面平整好清潔，料理時油煙少、具有定時功能，爐面過熱時也有斷電安全設計。	僅限平底鍋具，加熱速度慢，不適合中式熱炒。
IH 感應爐	熱效能最高、油煙極少，使用完畢就能立刻清潔，沒有沾黏污垢問題，且爐面溫度低，即便觸碰也不會燙傷。	只能使用具磁性的平底鍋具。

挑選重點

Point 1.

電陶爐使用後爐面溫度高、且降溫速度較慢，若家中有幼兒，建議改用 IH 感應爐，或是選擇具餘溫安全警示功能的電陶爐，就能避免不小心觸碰到爐面燙傷，使用上較為安全。

Point 2.

IH 感應爐是利用電磁導熱原理加熱食物，所以必須使用具磁性鍋具，或者亦可選擇結合瓦斯爐、IH 感應爐的雙爐具設計，就能免去鍋具限制問題。

Point 3.

電陶爐、IH 感應爐皆需使用 220V 電壓，規劃廚房設計時記得要預留 220V 插座。

計價方式

單口電陶爐、IH 感應爐價差不大，價位約在 NT.8,000～1,000 元之間，雙口電陶爐大約落在 NT.16,000 元左右，而雙口 IH 感應爐約莫須 NT.30,000 元以上。

▶圖片提供｜磨設計

洗碗機

相較於手洗，洗碗機其實不但省水、省洗碗精，甚至也洗得更乾淨。以台灣目前引進的歐美、日系洗碗機來說，基本功能多半訴求多段式洗程、可靈活調整的碗盤架、除菌洗程等等，不論是360 度環狀噴水設計，或是強調柱狀、扇形噴淋系統，再搭配高溫沖水洗淨程序，反而可以徹底清潔碗盤鍋具。而過去常被誤解洗碗機更花時間，在多段式洗程當中，更有品牌擁有只要15 分鐘的短洗程，即可將碗盤清潔乾淨，以及針對碗盤材質推出的塑膠器皿洗程，讓洗碗變得更輕鬆。

種類	特色	注意事項
全嵌式	全嵌入式可與櫥櫃設計整合，操作面板隱藏在內側，外觀可完全隱藏，讓廚房空間更具整體感。	需另外添購與廚具一致的門片安裝。
半嵌入式	半嵌入式同樣可搭配廚具門片，與全嵌入式差異在於操作面板在外側，使用上更方便，也能看清楚剩餘的洗程。	若想選用半嵌入式洗碗機，需於廚具規劃時一併納入考量。
獨立式	獨立式洗碗可單獨擺放、也能在櫥櫃內預留空間融入安裝，不需搭配櫥櫃，只要配有電線、進水管線、排水就能安裝。	雖可放在流理檯下面，但無法結合廚具面板。
抽屜式	抽屜型洗碗機的優點是不需彎腰拿取碗盤，另外區分為單抽、雙抽，甚至也有可以鑲嵌門板的款式，與廚具作整體規劃。	

挑選重點

Point 1.

除了依照家中人數選擇適合的容量之外，選購時也需考量廚房空間，一般標準洗碗機寬度為60公分，亦有品牌推出45公分寬，狹小廚房同樣適用。

Point 2.

多數洗碗機都是利用餘溫烘乾，建議可選擇具有獨立烘乾或是加強烘乾功能，確保碗盤乾燥。

Point 3.

洗碗機最重要的是洗程功能，多段式洗程可根據碗盤數量達到最有效率的使用，同時若有自動漏水偵測，就能避免當水內管漏水造成廚房大淹水的窘境。

計價方式

洗碗機根據品牌、種類、容量的差異，大約從NT.30,000至將近NT.90,000不等，不鏽鋼門片價格會略高於白色門片。

▶ 圖片提供｜弘第 HomeDeluxe

酒櫃

　　不論是喜歡在家小酌、或是邀約三五好友來品嚐收藏的紅酒，想要保存好白酒、香檳或是紅酒，就得交給專業的設備——酒櫃。酒櫃大致分為獨立型、嵌入型，需要多大的酒櫃或是類型，完全取決藏酒需求和廚房空間大小，此外，也得依據藏酒種類決定要單一溫度控制還是微電腦溫控，安裝時則要注意獨立型是否有預留足夠的散熱空間，另外有的廠牌嵌入型酒櫃為隱藏式把手設計，安裝位置的上緣至少也要保留能夠開啟的空間。最終不管選擇獨立型或嵌入型，在細節上都必須格外小心，以免影響後續安裝或整體空間規劃。

種類	特色	注意事項
獨立式酒櫃	可單獨放置於餐廳或廚房，無須搭配櫥櫃設計，溫度控制根據廠牌不同有分單一溫控、微電腦控溫。	若選用獨立式酒櫃，要先預留擺放在餐廳或廚房的空間。
嵌入式酒櫃	內嵌在櫥櫃內的酒櫃，底部通常有前方排熱設計，溫度控制多半採微電腦控制系統。	選用嵌入式酒櫃需先決定廠牌、規格，才能與廚具設計一起進行。

挑選重點

Point 1.

酒櫃最重要的無非是溫度，單一溫控不見得適合各種酒類，若是習慣收藏多種酒類，建議選擇雙重溫度或微電腦控制的酒櫃。

Point 2.

酒櫃內的陳架一般多為木質（如橡木、櫸木），也有不鏽鋼材質，選擇陳架為可調整高度的款式為佳，以便日後收藏各種酒類。

Point 3.

酒櫃門是否為抗UV紫外線玻璃材質，此關乎到紅酒保存，因此要特別確認門片材質，另外要注意是否有意外警報和斷電保護裝置，有的廠牌甚至有溫度異常的警示提醒。

計價方式

酒櫃價格根據廠牌和種類、大小規格的差異產生極大落差，若為獨立型、單一溫控酒櫃，價格約莫NT.29,000元左右；獨立型、嵌入型的微電腦控制則從數萬元至NT.100,000元以上不等。

CHAPTER 3

格局・動線

根據料理習慣做規劃，廚房才好用。

圖片提供｜曾建豪建築師事務所 / PartiDesign Studio

LAYOUT

過去廚房在一個家裡並非重要角色，因此在進行居家空間規劃時大多是在其他空間都大致抵定後，才會考慮到廚房，有時甚至為了增加其他空間的面積，廚房空間更理所當然會被犧牲。

然而隨著時代的演進，烹飪方式與居家生活習慣的改變，跳脫出過去位居角落的小小角色，陰暗狹小的廚房不再是主流，反而是開放明亮且能串聯全家人互動的大廚房，才是現代人的最愛。

不過受限於原始空間條件，並不是每個人都可以打造一個開放式大廚房，但若能先從了解自家空間坪數、格局開始，然後對應廚房格局，之後再來做進一步規劃，那麼完成心中的夢幻廚房再也不會只是想像。目前常見的廚房格局大致上可分成五大類：一字型、二字型、L 型、ㄇ字型、中島型，以下將清楚解析每種格局的特色與優缺點，藉此可先行想像，然後從中思考自身條件與需求，最後再決定以哪種格局進行廚房設計。

POINT 1 一字型

顧名思義，一字型廚房，就是水槽、工作檯面、爐火都在同一直線上，廚具也是沿著牆面規劃，這種將功能集中於一面牆，甚至有時會被安置在通往後陽台走道上的規劃方式，比較不佔空間，因此適合坪數不大或狹長的空間類型。

面牆規劃但卻不是無限制延伸，一字型廚房最適當長度約為 200～240 公分（若是小套房約 120～180 公分），因為動線過長，拉長直線活動時間，反而降低工作效率。因此如何在只有約 220 公分左右的寬度，滿足洗、切、煮功能，還要做到順手好用，在尺寸細節上不可不斤斤計較。

首先瓦斯爐與水槽間距離，可稱做料理準備區，留至 80～90 公分最好，若為了節省空間，基於使用合理性，至少也要有 40～60 公分；空間還有餘裕，爐具的另一側，以及水槽與冰箱間可各留約 15～40 公分的檯面寬度，烹煮好待冷卻的食物，可快速移至爐具邊檯面，避免影響後續料理烹飪前的準備工作；水槽這一端則可當成瀝水區或整理區，擺放洗好的碗盤，或剛買回來待分類的食材。

只有單面規劃，又有長度限制，收納不足因而成為一字型廚房常見問題，此時可選擇向上發展規劃吊櫃，但要注意吊櫃與檯面間距至少要留出約 65～70 公分，這樣才不會遮住視線，造成需長時間彎腰料理，至於現在流行將抽油煙機融入吊櫃，形成俐落的立面設計，此種做法最好將抽油煙機效能列入考量，因為抽油煙機與爐具間距超過 70 公分，吸力便會減弱，失去其吸附油煙功能，規劃時應多加注意。

一字型廚房的收納，不一定要將上櫃做滿，藉由靠牆高櫃，也能降低壓迫感，同時滿足收納需求。▶ 圖片提供 | IKEA

POINT 2

二字型

在一字型廚具對向的牆面安裝廚具，由兩個平台組合成的二字型廚房，也可稱為雙排型廚房。二字型廚房可視空間大小及個人習慣進行規劃，一般若洗、切、炒這排空間足以放下冰箱，那麼另一面牆便會規劃成儲物櫃和擺放小家電的平台，若空間不足，冰箱移至另一面牆，剩餘空間則視需求，可設計成小家電平台或者儲物高櫃。目前歐洲流行所謂的「大雙一」，這是指將冰箱、家電、收納統一安排在後排，洗、切、炒則配置在中島或半島，此種類型有利於互動，但需特別注意油煙問題。

由於是將廚具規劃在對向的兩面牆，為了保持走道順暢，方便轉個身就能隨

面對空間不足的狀況，二字型廚房的另一邊可單純規劃成收納，藉此保留空間彈性。▶ 圖片提供｜IKEA

手拿取物品，也要預留足夠開啟櫃門或抽屜的空間，所以兩邊間距最好維持在約90～120公分，且最好不要少於70公分。工作區的設計則要避免正對向設計，如此當兩個人同時下廚料理時，才能適時錯開減少碰撞。

運用玻璃門片、開放式及拉抽等多種形式規劃高櫃立面，看起來視覺豐富，且不會讓人有壓迫感。
▶ 圖片提供｜IKEA

動線規劃上，若是屬於廚房常有多人同時使用的情形，建議可在單排處配單槽，另一排則加強收納規劃，並配置小槽，做為洗滌蔬果、食材區與儲物區，或者將水槽單一配置在一個檯面，讓動線單純化，不過這樣的規劃，需注意水槽與瓦斯爐要安排在同一排，這樣才方便料理時傾倒湯汁、洗鍋具等動作。

空間若是真的不夠，可將原來的二字型變化成「小雙排」，也就是將另一排做成深度約只有45公分的收納櫃體，如此便可在有限的空間裡，適當增添廚房機能，滿足料理需求。不過須特別注意，「小雙排」的前提為空間至少要有3坪，才有足夠的空間進行基礎廚具規劃。

POINT 3

L型

L字型廚房可算是將一字型廚房功能做延展，不論是獨立封閉或開放空間，都可採用L型廚房規劃，除了可擁有更充裕的工作檯面與收納空間外，當L型廚房採開放式設計時，可將L型的其中一邊轉向，面向餐廳或公共區域，此時不僅自然形成可增加與家人親密互動的格局，也有利於營造空間的開闊感。

從實用面來看，想發揮L型廚房最大的工作效益，動線規劃建議可將設備沿著L型兩條軸線依序擺放，冰箱、洗滌區和處理區安排在同一軸線上，爐具、烤箱或微波爐等設備則放在另一軸線，彼此的距離約在60～90公分，便可形成一個完美黃金三角，不過L型廚房應注意其中一邊長度不宜過長，最長邊適當長度約在280公分左右，如此才不會因動線過長降低工作效率。

收納規劃部分，雖然收納容量增加，但直角重疊處卻是收納死角，建議可配置「小怪物」、「蝴蝶轉盤」等五金，幫助有效利用空間，增加收納便利性，放大廚房坪效；另外洗碗機或內建式烤箱，也建議避免安置在轉角處，以免打開門片時，會擋住轉角處另一邊的櫥櫃，造成使用上的不便。一般來說，L型廚房通常指的是檯面呈L型，至於收納櫥櫃安排可彈性決定是否要延著檯面做規劃，若是沒

L型廚房檯面擴大，因此在動線與規劃上，也比一字型廚房來得靈活，變化也更多。 ▶ 圖片提供｜IKEA

有收納上的考量，可選擇取消下櫃設計，讓檯面變身成為餐桌、吧檯，展現L型廚房的多樣面貌與靈活特性，也有助於加強空間互動。

POINT 4

ㄇ字型

ㄇ型廚房又可稱為U型廚房，一般常見ㄇ型廚房的做法，是在L型廚房的另一長邊多加一個檯面，又或者是將雙排之間連結而成ㄇ型，通常連結檯面若無法大於100公分，則不建議採ㄇ字型廚房做設計，因為多了兩個死角，反而會不利於收納規劃。不過這種格局算是最能滿足喜愛料理的人的廚房，但因為會佔去一定空間坪數，除非是以廚房做為居家生活重心，否則ㄇ字型廚房並不適合小坪數住宅。

ㄇ型廚房有三面下櫃可規劃，收納相當足夠，因此可減少上櫃設計，維持舒適的開放感受。▶圖片提供︱爾聲空間設計

一般認為，空間大相對好利用，但實際上反而經常因為設計不良，落入空間愈大反而愈難用的窘境，因此雖沒有空間窄小問題，但ㄇ型廚房在動線、收納上才應更細心規劃。動線建議可讓儲藏、洗滌、烹煮三種功能各佔一方，形成有效率的三角形動線，但如果空間太大，最好讓彼此間距維持在約90公分的理想距離，如此才不至於因為動線過長，工作無法得心應手。

ㄇ字型廚房大多是以兩人以上同時料理做想像，所以空間安排需將此納入考量，像是兩排之間距離至少要有90～120公分寬，以便容納兩個人同時使用，並提供彎腰開烤箱或洗碗機時所需的空間；若是想強調家人、空間互動關係，動線可延用L型廚房配置，將多出來的另一邊做為吧檯區，就能滿足互動需求。既然想像為多人同時在廚房料理，那麼料理動線規劃則應盡量錯開，如此才能有效率同時進行料理動作，建議可採用雙槽設計，並將小槽安排在比較靠近冰箱的位置，可便於清洗拿出來的蔬果食材，大槽則可配置在爐火區，主要是清洗大型鍋具等功用。相對於其他廚房格局，ㄇ型廚房空間比較充裕，只要延著檯面規劃下櫃，收納量就已經相當足夠，此時建議可減少吊櫃數量，藉此維持空間的開放感，因為當多人在同一空間裡料理時，過於封閉的空間容易讓人感到擁擠，而且也不利於互動。

POINT 5

中島型

在所有的廚房格局裡，中島型廚房可說是最重視互動的一種格局，因此若是選擇中島型做規劃，大部分都會採用開放式設計。一般常見的中島型廚房，通會搭配L型、ㄇ型等基本廚具，中島櫃體則會被安排在廚房中心，櫃體四面不靠牆，周圍走道採平均劃分，寬度須保留在約90～120公分，以提供舒適且足以走動的空間。中島櫃體主要是備餐或料理檯面的延伸，一般高度約在85～90公分左右，並不適合做為餐桌使用，但若只是短暫的用餐吧檯概念，建議選用可調整高度的吧檯椅，以因應中島高度調整至坐起來舒適的高度，櫃體最好內縮，或者檯面超出桶身約20～25公分，以便留出空間擺放雙腳。

中島尺寸大小，一般會視現有空間條件再做決定，不過中島檯面上常見配置電爐或水槽，且基於實用性，檯面寬度建議做到80～100公分左右，會比較適合在檯面上進行料理工作，空間若是足夠，建議長度做到180公分，如此才能完全展現中島機能。機能規劃上，可將部分收納規劃在中島，或者取代電器櫃收納電器，如此在增加收納空間的同時，就使用動線來看也算是合理順暢，而且藉此也可減少過多上櫃設計，避免櫃體過多讓人感到空間擁塞。

和其他廚房格局最大的不同是，中島型廚房周邊皆需留出走道，因此這種廚房格局通常需要比較大的空間，但要是空間不足，又希望享有中島機能，可採取折衷設計，也就是將中島櫃體其中一面靠牆，這種做法稱為半島，因為不需留出走道空間，相對地比較節省空間。

其實不論是一字型還是L字，被歸類出來的廚房格局只是提供大家一種選擇，真的想打造出理想中順手、好用的廚房，最終還是應該依現有空間條件，並思考主要料理者平時的烹飪習慣，最後再依據全家的生活習慣，做出最為適當的廚房規劃設計。

中島若想兼具吧檯功能，桶身內縮或檯面做超出桶身約 20 ～ 25 公分，雙腳才有擺放空間。▶ 圖片提供｜尊櫃國際K II 廚具

面牆料理難免無法即時互動，選擇將爐火區規劃在中島，有加強親友互動效果，不過要特別注意處理油煙問題。
▶ 圖片提供｜尊櫃國際K II 廚具

CHAPTER 4

風格

不只美，更要為自家廚房注入個性。

圖片提供｜水相設計

STYLE

▶ 圖片提供｜IKEA

現代風

封閉式收納強化美感與清潔度

不同於鄉村風廚房重視生活氣氛的營造，現代風格廚房以「秩序、美觀」為設計核心。由於多數喜歡現代風格的屋主多半重視效率；因此平整的門片減少造型隙縫沾染油煙、灰塵機會，清潔工作自然事半功倍，若是搭配開放式設計，這些特性皆有助於表面維持，強調「去生活感」的風格重點。

材質應用上，不鏽鋼、鋼琴烤漆門片等，具有光澤且較為冷調的材質是常見選擇，色調上除了最安全的黑白兩色外，強烈、鮮豔的飽和色彩，也是現代風常見用色，可以選用單一素色也可多色混搭，端看想呈現的空間效果，不過挑選顏色時最好與空間大小、採光條件相對應，尤其廚房本應是讓人感到放鬆的空間，應避免用色過重反而帶來壓迫感。

色彩

▶ 圖片提供｜IKEA

・白色系潔淨、低調是首選

無彩度的白具擴張、放大視覺效果，便於和其他顏色融合，亦能創造潔淨感受。線條簡約和無生活感是現代風住家最大特色，白色廚具可增加整體空間明亮，也可毫無違和地隱沒設計中。

・重色系驚艷吸睛、凸顯尊貴

應用黑、深咖啡這類重色系，搭配鋼琴烤漆面板光澤及內嵌式家電的科技感，便能質感升級、凝聚焦點。但深色廚具量體感明顯，要注意光源安排才能襯托氣勢，若有大片採光窗相呼應視覺效果會更好。

・對比配色展現強烈視覺效果

單一用色讓空間看來簡潔，但運用飽和、鮮豔的對比配色，則能營造前衛、個性的現代感，對比色不只帶來視覺震撼，同時也能創造空間活潑效果。

材質

▶ 圖片提供｜爾聲空間設計

・金屬材提升專業感、架式十足

近來不只專業廚房，一般家用廚房也會選用鐵件、不鏽鋼、鋁合金等金屬材質，用於廚房除了是清潔考量，金屬材特有的光澤也能輕易展現冷冽有個性的現代感。

・鋼琴烤漆光可鑑人、華貴優雅

選用鋼琴烤漆門片，表面經多道噴漆或烤漆工序，成品如同鋼琴面板一樣亮麗而得名，亮面光澤可增添空間華麗感，亦有俐落線條，型塑現代風的簡約視覺效果。

・鏡面反射製造視覺炫麗

若想在極簡的現代風，適度加入華麗感，可採用鏡面材質，因其反射特性可製造視覺華麗效果，尤其以黑鏡、灰鏡等有色鏡面材質，更具提昇空間質感功能。

▶ 圖片提供｜水相設計

KITCHEN CASE 1

用中島創造自由環繞動線

屋主是一位重視家電影音設備的科技迷，38 坪的住宅作為放鬆休憩用途，原本一字型廚房獨立且封閉，與餐廳產生隔閡之外，也無法納入完整的家電設備。於是設計師取消一房，並將廚房隔間予以拆除，一字型廚具挪至廳區壁櫃的轉折面，搭配長形中島整合餐桌設計，也創造出自由環繞動線，空間更形開闊舒適，並利用比石材更輕薄的採礦岩整合家電設備與暗門，全室以大量霧面石材，加上無色彩的黑灰白鋪陳，打造簡約大器的現代居所。

- 廚房格局：一字型＋中島
- 廚房坪數：約 8 坪
- 使用建材：門片：採礦岩｜檯面：賽麗石｜設備：蒸爐、烤箱

｜尺寸解析｜

嵌入式家電設備一併整合暗門設計，形成寬幅 7.5 公尺的黑色畫布，同時也劃分出公私領域。

▸ 圖片提供｜甘納空間設計

KITCHEN CASE 2

開闊尺度型塑時尚個性廚房

為了減緩僅有單向採光的格局，選擇將廚房牆面打開並挪移至與客餐廳一氣呵成，甚至於主臥房採取雙向旋轉門片，讓光能引入廚房。空間沒有所謂的廊道，特意放大尺度的中島餐廚瞬間成為焦點，尤其一道猶如流水紋理般的大理石材檯面，在純淨白色廚具、木質立面的背景處理之下，更能突顯精緻大器質感，木紋牆面底下也巧妙隱藏公共衛浴入口。廚房天花以鐵件簡鍊勾勒的間接燈光，則是延續廳區「拆禮物」的緞帶線條概念主軸，再者也能避免配置吊燈，讓原本屋高有限的空間感到壓迫。

● 廚房格局：一字型＋中島
● 廚房坪數：約 7 坪
● 使用建材：門片：霧面烤漆｜檯面：賽麗石、大理石｜設備：洗碗機、烤箱

｜尺寸解析｜

中島廚區寬度 110 公分、高度因應男主人身高調整至 100 公分，鄰近吧檯一側隱藏 30 公分深的層架收納機能，內側則有 60 公分深度，便於內嵌洗碗機設備及抽屜機能。

▶ 圖片提供｜合風蒼飛設計工作室

冷調廚房夜晚變身小酒館

台灣常見社區型長街屋，鄰棟距離過近，窩在角落的廚房既沒有通風採光、濕氣也重，於是設計師在廚房旁增加挑高天井，利用熱循環概念讓熱空氣往上排出，同時種植大樹、打造沙坑，當媽媽在廚房忙碌時，孩子可在一旁玩耍，獲得良好的看顧與互動。在水泥粉光、卡拉拉白大理石、仿石磚材等冷調材質的框架下，特意搭配一張鮮紅色餐桌，除了有增進食慾效果外，到了夜晚點亮燈光，立刻變身有如小酒館般情境，滿足屋主喜愛招待好友聚會的需求。牆面特別運用黑鐵自然鏽化，創造如裝置藝術般的酒櫃，餐桌一側的水泥粉光牆內更嵌入黑鏡材質，讓餐桌的一幕幕影像成為生活畫作。

● 廚房格局：L 型＋中島

● 廚房坪數：約 15 坪

● 使用建材：門片：烤漆門片｜檯面：人造石｜設備：蒸爐、烤箱、烘碗機

|尺寸解析|

提供備餐檯功能為主的中島，尺寸為 90×90 公分，隱藏了兩層櫃體，最外層櫃體可拉出成為活動推車，內層則可當作保險箱使用。

▸ 圖片提供｜珞石設計

KITCHEN CASE 4

融入生活場景的風格廚房

原始空間坪數不大，為了配合屋主平時生活動線，選擇以二字型開放式廚房設計。爐火區不面牆，刻意設置在面向客廳檯面，主要是因為屋主下廚時間不多，且少用大火快炒，較少油煙問題，同時又能滿足屋主在料理時，與家人互動的期待；而為了維持開放廚房的俐落感，不做會讓人感到沉重的吊櫃，將主要收納規劃在下櫃，一般常用家電，則以鐵件打造大型鏤空櫃收納，鏤空設計不用擔心電器排氣問題，且有削弱櫃體重量效果，可有效減少高櫃帶來的壓迫感。

● 廚房格局：二字型
● 廚房坪數：約 3 坪
● 使用建材：門片：特殊漆｜檯面：賽麗石｜設備：抽油煙機、IH 爐

｜尺寸解析｜

考量使用方式不同，爐火區高度約在 90 公分，而與之串聯成一體的餐桌，高度則提高至 95 公分，如此不用互相牽就，使用起來會更舒適。

KITCHEN CASE 5

內退概念迎來充滿綠意的日光廚房

這間房子屬於常見的狹長格局，後方又緊鄰防火巷，採光通風都不是很好，有鑑於此，設計師將既有陽台稍微往內退 1 米 5，搭配可向外開啟的落地玻璃門，以及中島餐廚為軸心所衍生的圓形動線，不但解決了光線與空氣流通問題，室內與戶外界限的模糊化、延伸感，讓餐廚有如置身半戶外空間，擺脫過去揮汗如雨的料理環境。除此之外，特意運用線性概念整合連貫的電視櫃、一字型廚具，以至於中島吧檯與餐桌的軸向配置，更有助於拉長屋子縱深，加上舊木料拼接餐桌、實木門片調和冷冽不鏽鋼、樂土所帶來的溫潤，空間倍感舒適。

● 廚房格局：一字型＋中島
● 廚房坪數：約 8 坪
● 使用建材：門片：實木｜檯面：不鏽鋼｜設備：洗碗機、烤箱、電陶爐

｜尺寸解析｜
考量屋主有三個小朋友，中島吧檯高度特別規劃為 95 公分，一來也與餐桌的 75 公分高不會落差太大，讓兩者看似為一體。

▶ 圖片提供｜合風蒼飛設計工作室

▶ 圖片提供｜兩冊空間設計

｜尺寸解析｜

設置中島增加備餐檯面，約 100 公分的吧檯高度，既不影響廚房開放感，也能維持公共區域視覺上的開闊感受。

以開放式設計，串聯人與人的互動關係

屋主希望家人相處不受空間格局阻礙，因此除了臥房，公共區域採無隔間設計，廚房理所當然也以開放式規劃。不過開放式廚房雖可加強家人互動，但注重與整體空間美感的一致，於是採用白色消光烤漆門片，型塑簡約俐落空間感，捨棄吊櫃規劃，雜物、家電等收納以櫃牆收整，最多增加薄型層板，收納常用、好看的鍋具、咖啡壺等，兼顧到極簡要求更注入些許溫度。而位於廚房側邊折門落地窗，可完美引入大量採光，當用餐人數較多時，可完全打開讓餐桌延伸至陽台，享受戶外用餐的樂趣。

● 廚房格局：一字型＋中島

● 廚房坪數：約 4.5 坪

● 使用建材：門片：白色烤漆密底板｜檯面：人造石、不鏽鋼｜設備：烤箱、對開式冰箱

▶ 圖片提供｜兩冊空間設計

KITCHEN CASE 7

料理時不受拘束的自在動線

原始空間坪數充裕，因此可挪出約 6 坪大小的空間，來打造一個功能齊全的廚房。不過屋主家裡人口簡單，相較於餐廳，屋主其實更常在廚房用餐，所以選擇一字型加中島，並以中島結合餐桌的靈活動線做設計，滿足烹飪需求也可順應平時的生活習慣。常見的上櫃改以下櫃與櫃牆滿足收納需求，維持空間的開闊感受，並藉灰色消光烤漆門片，淡化櫃體存在感，同時與空間裡的大理石、木素材巧妙形成視覺上的和諧，營造出低調卻不失質感的膳食空間。

- 廚房格局：一字型＋中島
- 廚房坪數：約 6 坪
- 使用建材：門片：灰色消光烤漆｜檯面：賽麗石｜設備：IH 爐、倒 T 型抽油煙機、烤箱、酒櫃

｜尺寸解析｜

收納過高不易使用，也可能造成材料浪費，因此櫃牆高度做至約 230 公分高，剩餘高度以封板封平，視覺看起來也更俐落。

▶ 圖片提供｜甘納空間設計

KITCHEN CASE 8

自由動線成就派對宴會大餐廚

長期旅居大陸的屋主夫婦，希望回到台灣時，能有一處可與家人、好友相聚的居所，於是設計師將廚房隔間拆除，自結構柱體衍生的中島廚區成功連結餐廚區域，下廚時可維持與公領域互動，加上自由環繞動線、通透寬敞感，成為最佳的 party 宴會場域。空間基調以黑灰白為主，廚房統一黑色語彙，背景牆面鋪設烤漆玻璃，既好清潔又能反射戶外窗景，也因應既有牆面落差處，將齊全的家電設備整齊地內嵌於黑色櫃體內，餐廚區域的展示牆，則是透過垂直水平的線性元素為設計，與客房活動牆面形成隱約的呼應。

- 廚房格局：中島廚房
- 廚房坪數：約 9 坪
- 使用建材：門片：霧面烤漆｜檯面：人造石｜設備：洗碗機、烤箱、蒸烤爐

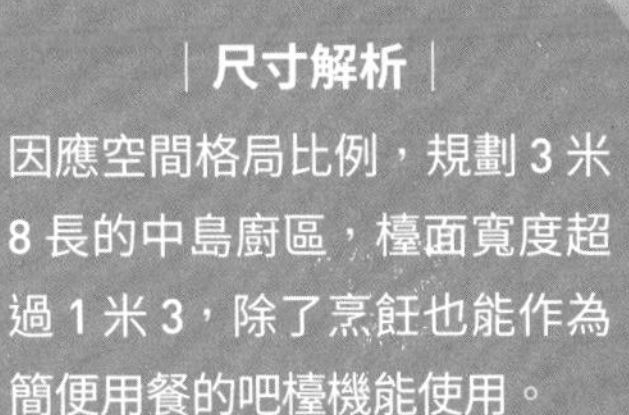

｜尺寸解析｜

因應空間格局比例，規劃 3 米 8 長的中島廚區，檯面寬度超過 1 米 3，除了烹飪也能作為簡便用餐的吧檯機能使用。

▶ 圖片提供｜水相設計

KITCHEN CASE 9

扭轉格局迎接日光綠意大廚房

雖是獨棟別墅宅邸，然而過去廚房卻被設計在角落，不但光線不好、空間也很壅塞，全室大刀闊斧重新針對使用者調整格局，除了將廚房動線拉至與公共廳區連結之外，更藉由天井設計巧妙引入充沛明亮的採光。另一方面，依據使用者烹調習慣，廚房區分為中式熱炒廚區、中島輕食吧檯，玻璃門為電動門片，提供簡便的使用，熱炒廚區壁面也捨棄沉重的吊櫃、常見的烤漆玻璃，改以深色木紋磚做直向鋪飾，提升整體質感。中島吧檯側牆則以深色櫥櫃呼應，同時內嵌電器設備、冰箱，展現簡練大器之姿。

● 廚房格局：一字型＋中島

● 廚房坪數：約 20 坪

● 使用建材：門片：陶瓷烤漆｜檯面：賽麗石｜設備：蒸爐、烤箱

｜尺寸解析｜

中島吧檯長約 3 米，結合了小型餐桌的功能，同時中島兩側也隱藏深度約 30 公分的收納機能。

▶ 圖片提供｜裏心空間設計

KITCHEN CASE 10

重整狹小格局，讓廚房融入日常生活

廚房原來被規劃在封閉的空間裡，不只限制了使用空間，對熱愛生活、喜愛烘焙的屋主夫婦來說，完全無法滿足他們的需求。因此設計師打掉隔牆，藉此便可釋放出空間，打造一個整合煮咖啡、調酒功能的大吧檯，而沒有了隔牆阻隔，也更能強調中島互動關係。相較於一體成型的水泥吧檯，面牆廚具檯面選用不鏽鋼，方便烘焙時揉捏麵團，同時又能與吧檯材質元素相呼應，型塑出屋主期待中的工業風；至於收納只規劃下櫃，除了是因為使用更為方便外，也可兼顧到視覺上的開闊感。

- 廚房格局：二字型
- 廚房坪數：約 4 坪
- 使用建材：門片：實木烤漆｜檯面：不鏽鋼、水泥｜設備：瓦斯爐、咖啡機、紅酒櫃

｜尺寸解析｜

牆上擺放碗盤的層架，定位在從地面往上約 150 公分處，這是考量到層架位置可與抽油煙機切齊，讓線條看起更簡潔，同時又不影響使用的最適當距離。

KITCHEN CASE 11

講究材質成就大器中島廚房

座落於淡水、可遠眺觀音山淡水河出海口的百坪名宅，中島廚房自然以開放串聯的配置與客餐廳一氣呵成，整個廳區地坪特別鋪設義大利 memento 仿舊復古磚，藉由手工不平整的仿石紋立體面造就波光明淨的效果，將河岸波光粼粼的印象引入室內場景。餐廚色調則因應整體大地材質的色調、共通性，選擇灰色系門片搭配大理石材主牆，打造精緻大器的背景效果。除此之外，中島抽油煙機使用木作包覆，讓廚房設備也能完美融入空間之中，檯面內更隱藏電動升降插座，保有機能又可維持中島的簡潔俐落。

- 廚房格局：中島
- 廚房坪數：約 15 坪
- 使用建材：門片：陶瓷烤漆｜檯面：賽麗石、實木｜設備：蒸爐、烤箱、酒櫃

｜尺寸解析｜

由於中島廚房兼具料理與輕食用餐需求，中島高度設定約 90 公分，讓烹調、洗滌等活動更符合人體工學。

▸ 圖片提供｜水相設計

▶ 圖片提供｜兩冊空間設計

｜尺寸解析｜
電器收納高櫃高約 225 公分，可滿足大量收納需求，同時又可劃出廚房區域，而不做至頂天，不只可減少壓迫感，也避免高處收納淪為虛設。

美化機能，展現實用簡約品味

過小的一字型廚房，空間上過於侷促，使用起來也不順手，於是從原始廚具向兩側拓展、延伸，在右手邊以收納力超強的 CLEAN UP 系統櫥櫃，打造一座齊天花樑柱高的電器收納高櫃，一舉解決屋主最在意的收納問題，門片選用白色亮面烤漆，搭配兩片鏡面門片，藉此削弱高櫃帶來的壓迫感，也給予廚房清爽、潔淨感；另一側中島由不鏽鋼與具石材質感材質拼接而成，刻意不做下櫃設計，替略帶厚實的中島檯面帶來輕盈視覺，也可平衡高櫃重量，維持廚房開闊感受。

- 廚房格局：L 型＋中島
- 廚房坪數：約 5.2 坪
- 使用建材：門片：白色亮面烤漆｜檯面：不鏽鋼｜設備：瓦斯爐、烤箱

▶ 圖片提供｜甘納空間設計

KITCHEN CASE 13

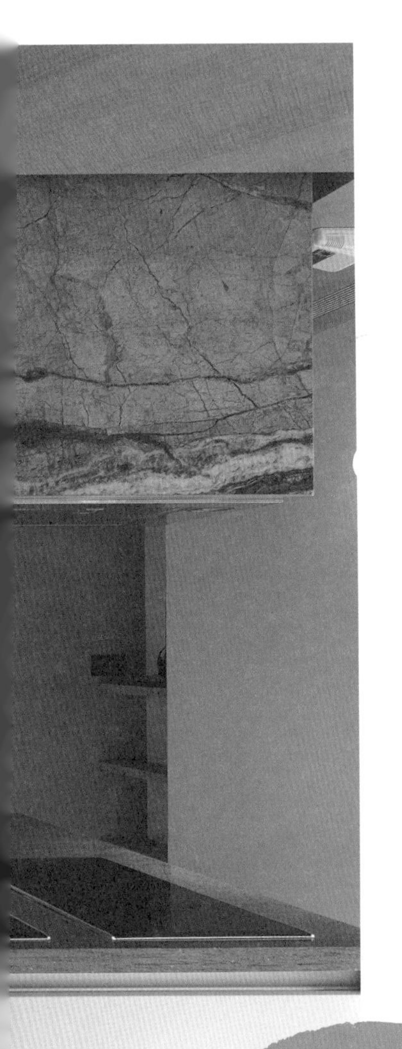

讓中島成為生活重心

屬於狹長形的住宅空間，依循屋主要求需有四房且還要保留空間前後採光，於是設計師將臥房往兩側規劃，中間一字型水平軸線作為開放式廳區，中島廚房設計讓料理者可隨時看顧孩子、與家人互動。廚房檯面以賽麗石打造而成，T 字型抽油煙機特別利用大理石做包覆，避免過於突兀，石材質感既能融入空間，又可創造視覺焦點。中島上方的木皮天花，則是隱藏冷氣管線，一方面也得以爭取讓客、餐廳的天花拉高，無法忽視的樑柱，巧妙透過材質的鋪陳選用，例如水泥粉光、造型壁紙予以修飾。

- 廚房格局：中島廚房
- 廚房坪數：約 6 坪
- 使用建材：門片：霧面烤漆｜檯面：賽麗石｜設備：洗碗機、烤箱、咖啡機、蒸烤爐

｜尺寸解析｜

長4米、寬1米5的中島廚房，兩側各自擁有豐富的收納機能，白色櫥櫃內嵌電器也預先安排做規劃，讓空間感更為俐落。

▶ 圖片提供｜甘納空間設計

KITCHEN CASE 14

複合概念發揮餐廚坪效

僅有 22 坪的小宅，卸下多餘隔間，將餐廚格局與客廳緊密連結，同時讓中島兼具餐桌的整合作法，換取寬闊舒適的空間感。此座中島不單單提供用餐使用，更為小宅創造豐富的收納機能，人造石檯面下，特意以鐵件做出脫溝設計，是實用書櫃、展示櫃，另一側同樣也兼具抽屜收納。紫色鐵件、桌腳結構用色概念則來自屋主對色彩的偏好，空間刷上一層輕柔的淡紫色為底，白色復古磚與深色廚具對比，拉出空間深邃尺度，並巧妙置入窗花元素，衝撞出現代復古氛圍。

- 廚房格局：一字型＋中島
- 廚房坪數：約 3 坪
- 使用建材：門片：霧面烤漆｜檯面：人造石｜設備：洗碗機、烤箱

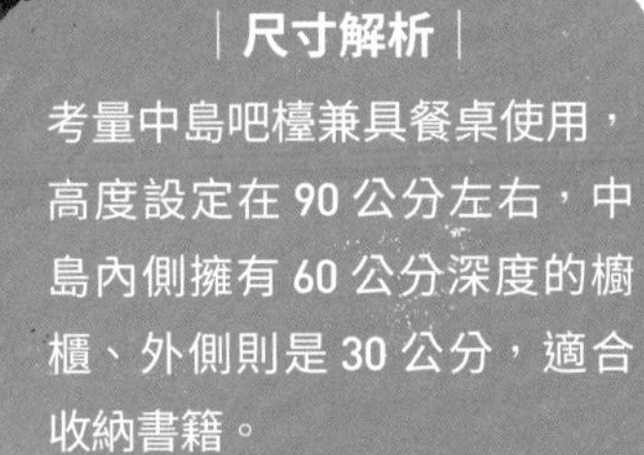

｜尺寸解析｜

考量中島吧檯兼具餐桌使用，高度設定在 90 公分左右，中島內側擁有 60 公分深度的櫥櫃、外側則是 30 公分，適合收納書籍。

色塊律動展現獨特時尚韻味

從玄關進入室內，順應著弧形動線之下得以進入餐廳、廚房，空間主軸圍繞著年輕女業主留法服裝設計師的身分，除了打板線描下的折疊扭曲，轉化銅線的俐落排列一如服裝圖紙，訂製餐桌更結合縫紉機具概念，一邊是車輪、一邊則是圓形交疊，打破對稱的時尚經典。空間色彩則擷取時尚插畫大師 Rene Gruau 之作，大面積體的色塊律動，藍色客廳、金色餐廚、橘色書房，金色吊櫃甚至特別搭配深色底櫃，跳脫傳統單一櫥櫃的配色用法，並以幾何拼接趣味與線性裝飾搭配起優雅韻味。

- 廚房格局：一字型
- 廚房坪數：約 5 坪
- 使用建材：門片：美耐板｜檯面：賽麗石｜設備：蒸爐、烤箱

｜尺寸解析｜

吊櫃門片以寬幅 80 公分的尺寸分割、加上與天花板之間刻意預留 8 公分的不及頂設計，讓廚具更形俐落簡約。

▶ 圖片提供｜水相設計

▶ 圖片提供｜爾聲空間設計

｜尺寸解析｜

藉由將原來 10 公分落差的廚房天花封板與樑柱齊平，巧妙與主空間做串聯，也創造更為簡潔的空間線條。

活用彈性隔間，解決廚房封閉感

開放式廚房雖是屋主第一選擇，但女主人擔心年紀還小的小朋友和家裡的貓咪，在料理時跑進廚房發生危險。為了解決女主人在意的問題，原來隔牆雖然拆除，但改以三片式玻璃滑門取代，玻璃材質可維持視覺穿透，即便滑門全部關上，也不會讓人產生封閉感；至於增加的中島尺寸約為寬 1 米、長 1 米 8，不只補足了料理檯面的不足，同時也兼具吧檯功能，立面刻意採用磁磚拼貼圖騰，增加視覺亮點，替偏沉穩色調的空間帶來活潑元素。

- 廚房格局：一字型＋中島
- 廚房坪數：約 4 坪
- 使用建材：門片：結晶鋼烤｜檯面：人造石｜設備：瓦斯爐、微波爐、隱藏式抽油煙機

KITCHEN CASE 17

不只是廚房，還是夜晚溫馨小酒吧

屋主平時喜愛小酌、品酒，故希望能打造一個小酒吧。為了滿足屋主期待，設計師將原始廚房的空間、動線重新規劃，一字型廚房藉由空間擴增，便可延著約 180 ～ 200 公分長的牆面，增加檯面、電器櫃等，變身成功能充足的 L 型廚房；水槽移至中島，除了是從冰箱取出食材處理的最短動線外，中島亦是特地為屋主打造的吧檯，有了洗滌功能，也方便做一些簡易的下酒料理；鏤空吊櫃取自酒吧元素，擺上酒瓶加以裝飾，當夜晚來臨，伴隨微黃光線，這裡就成了讓人微醺的小酒吧。

- 廚房格局：L 型＋中島
- 廚房坪數：約 6.3 坪
- 使用建材：門片：木紋美耐板｜檯面：不鏽鋼｜設備：抽油煙機、瓦斯爐

｜尺寸解析｜
吧檯特地設計高約 15 公分、寬約 20 公分的早餐檯，用餐時可與料理檯面做出區隔，而以支架做支撐，也有保留視覺穿透效果。

▶ 圖片提供｜珞石設計

▶ 圖片提供｜法蘭德室內設計

｜尺寸解析｜
兼具座位功能的中島尺寸約 110 公分 ×70 公分，除了可雙向收納外，側面還有深度約 28 公分的開放式收納，主要用來收納屋主的紅酒與酒杯。

牆面留白解決角落陰暗劣勢

屋主希望有開闊的空間感受，不只公共區域採開放式設計，由於平時也喜歡邀親朋好友來家中聚會，餐廚空間也延續開放式規劃，藉此讓兩個空間可以彼此進行對話，也創造出更符合屋主的生活動線。而由於廚房位在角落位置，吊櫃容易帶來壓迫感，因此改以開放層板做取代，留白的牆面刷上有安定空間效果的灰藍色調，搭配櫥具門片的沉穩藍黑色，藉此呼應主空間風格，也替膳食空間營造放鬆、療癒氛圍；考量廚房為多水區域，地板採用特殊水泥粉光，回應空間風格元素，也兼顧了方便好清理的實際需求。

● 廚房格局：L 字型＋中島

● 廚房坪數：約 4 坪

● 使用建材：門片：平光烤漆門片｜檯面：人造石、大理石｜設備：抽油煙機、瓦斯爐、烘碗機

▶ 圖片提供｜法蘭德室內設計

KITCHEN CASE 19

開放設計串聯家的生活軌跡

屋齡約為 20 年的老屋，廚房也承襲老屋封閉格局，完全不符合年輕屋主的生活方式，因此設計師拆除原始隔牆，改以開放式做設計，讓廚房、用餐區與工作區，形成一個流暢動線，也貼近平時生活習慣。原來隔牆位置設置一座約 90 公分高的中島取代隔牆功能，達到界定廚房區域，同時維持開放效果。另外為了延續開闊感，不做上櫃特地讓立面留白，藉此拉闊空間深度，最後再以裸露天花、明管及鐵件層板等元素做妝點，自然融入空間風格主調，也凸顯獨特美感與性格。

● 廚房格局：L 型＋中島
● 廚房坪數：約 3 坪
● 使用建材：門片：平光烤漆門片｜檯面：人造石、中島實木｜設備：抽油煙機、烤箱、瓦斯爐

｜尺寸解析｜

中島由於兼具餐桌功能，因此檯面寬度超出櫃身約 25 公分，藉此便可留出坐下用餐時，雙腳擺放的空間。

▶ 圖片提供｜德力設計

享受與愛貓為伴的環繞餐廚

養了四隻貓咪的單身屋主，想要隨時隨地能看見愛貓，加上喜愛料理、接待友人聚會，也因此設計師特別將原本餐廚格局對調，並讓廚房以開放形式規劃，配上中島料理吧檯，成為生活重心，廚具右側增加玻璃展示櫃，不只是收藏餐具的舞台，甚至也變成貓咪們最愛窩藏的角落，藉由毫無阻礙的寬闊視野，屋主料理時就能隨時查看愛貓蹤跡，而為了與客廳粉色系有所區別、並賦予調和氛圍的作用，壁面特意挑選安定寧靜的灰藍色系，同時餐桌、中島吧檯以深色調鋪陳，淺色木質基調廚具、收納櫃，則扮演串聯全室基調的效果。

- 廚房格局：一字型＋中島
- 廚房坪數：約 15 坪
- 使用建材：門片：塑合板（F1 等級）｜檯面：印度黑大理石｜設備：IH 電爐、抽油煙機

｜尺寸解析｜

依據使用者身高中島吧檯調整至 90 公分，也避免吧檯高度遮擋住後方一字型廚房，讓視線延伸不受中斷。

▶ 圖片提供｜珞石設計

KITCHEN CASE 21

餐廚整併，增加家人親密互動

封閉式的一字型廚房，不只空間不敷使用，缺乏光線的空間更顯得陰暗，因此選擇將隔牆打掉，與鄰近的用餐區做整併，藉此將廚房向外拓展，且相較於屋主的生活形態，餐廚合一也來得更為實際、好用。不過開放式廚房需融入整體空間風格，才不會顯得突兀，於是保留不更動的一字型廚具，藉由更換門片、檯面與牆面材質，呼應風格元素；另外拉出一道櫃牆，與原始一字型廚房串聯成 L 型廚房格局，解決電器收納問題，也強化了餐廚區功能與便利性。

● 廚房格局：L 型
● 廚房坪數：約 3.5 坪
● 使用建材：門片：木紋美心板｜檯面：不鏽鋼｜設備：瓦斯爐、烤箱、雙開門冰箱

｜尺寸解析｜

冰箱與餐桌間走道約 110 公分，滿足冰箱開門所需迴旋空間，餐桌椅雖因此挪移佔用部分走道，但通往臥房走道使用並不頻繁，所以不影響平時走動。

▶ 圖片提供｜法蘭德室內設計

KITCHEN CASE 22

多重機能更貼近生活需求

只有 22 坪大的新屋，配置的是簡單的一字型廚房，為了達到放大小坪數空間感，設計師選擇打開廚房以開放式格局做規劃，利用無隔間設計營造更為寬闊的生活空間，也可製造家人親密互動。原來的一字型廚具保留不做更動，另外以系統板材打造一座中島，藉此可精簡預算同時解決工作檯面不足問題；由於屋主習慣在餐區工作，因此特別訂製大型鐵件開放櫃，專門收納工作所需用品，且安排在廚具對向牆面，如此便能將餐廚與工作區結合在同一空間，賦予空間多重功能，也符合屋主生活動線。

- 廚房格局：一字型＋中島
- 廚房坪數：約 3 坪
- 使用建材：門片：鋼烤門片｜檯面：人造石｜設備：抽油煙機、瓦斯爐、烘碗機

｜尺寸解析｜

廚房空間有限，要預留餐桌空間，因此中島刻意將長度控制在約 100 公分，寬度則與餐桌同寬約 85 公分，藉此拉直線條，營造視覺上的簡約俐落。

▸ 圖片提供｜珞石設計

KITCHEN CASE 23

享受烹飪樂趣的清新小廚房

原始廚房只有約 1 米 8 寬的一字型規劃，不只烹飪空間相當侷促，電器設備也無處可放。因此將原來一字型檯面延著側牆延伸加長成 L 型，並把水槽移至長邊檯面，水火明確分區也留出更多備料空間；增設的電器高櫃緊鄰長邊檯面規劃，合理化從冰箱拿出食材後的洗滌、備料、烹煮順序，使用更為順手亦有助於動線順暢。材質選用考量廚房遠離採光面，以可打亮空間的白色為主視覺，搭配大量木質調材質，強調溫暖手感調性，另外再輔以不鏽鋼、鐵件等金屬材質，增添獨特個性，同時順利讓開放式廚房自然融入整體空間氛圍。

● 廚房格局：L 型＋中島
● 廚房坪數：約 3 坪
● 使用建材：門片：木紋美耐板｜檯面：不鏽鋼｜設備：瓦斯爐、抽油煙機

｜尺寸解析｜

白色鐵道磚刻意不貼滿牆面，只拼貼至約 70 公分高度，滿足廚房好清理需求，也與白色漆料做出材質對比，讓單調的白牆看起來更為豐富、活潑。

▶ 圖片提供｜德力設計

坐擁日光美景的食域空間

面對河堤的住宅，卻因為不當的格局配置，導致廚房得窩在陰暗無光的角落內，重新針對基地優勢以及僅有夫妻倆的家庭成員作調整，打開公共廳區隔間，中島吧檯一併整合餐桌機能，客廳、廚房、書房形成自在迴游動線，擁有充足明亮的光線，同時也巧妙利用難以變動的結構柱，轉化為收納冰箱。全室則以純淨白色鋪陳空間框架，輔以沉穩寧靜的深色木皮、廚具搭配，回應屋主對於簡約俐落的喜愛，包括毗鄰廚房的臥房、浴室入口也刻意採取深色木作拉門，淡化門扉存在感。

- 廚房格局：一字型＋中島
- 廚房坪數：約 10 坪
- 使用建材：門片：塑合板（F1 等級）｜檯面：印度黑大理石｜設備：水波爐、咖啡機

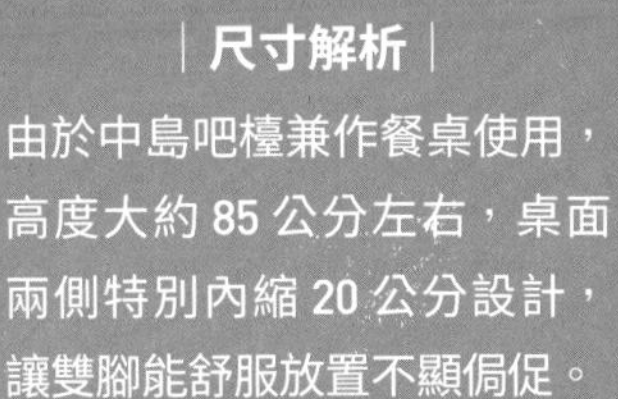

｜尺寸解析｜

由於中島吧檯兼作餐桌使用，高度大約 85 公分左右，桌面兩側特別內縮 20 公分設計，讓雙腳能舒服放置不顯侷促。

▶ 圖片提供｜甘納空間設計

用線條與色彩打造創意餐廚

簡約純淨的白色框架之下，規劃出乾淨俐落的一字型廚房，配上特意放大尺度的餐桌與中島吧檯，因應屋主對於宴客、工作、閱讀等多元需求，同時也以屋主從事手作工藝為靈感，衍生出三角構圖串聯每個空間，餐桌桌腳利用兩個三角形白色鐵件結構支撐，使量體更為輕盈；中島吧檯也由兩個三角形堆疊，延伸出用餐、料理機能，而無論是中島或是餐桌底部皆兼具收納機能。白色背景中，特別利用黑色家具、燈飾帶出視覺層次，獨特的祖母綠中島，則是與客廳芥末綠沙發相互呼應，增添空間的豐富性。

- 廚房格局：一字型＋中島
- 廚房坪數：約 10 坪
- 使用建材：門片：烤漆門片｜檯面：人造石｜設備：電陶爐

｜尺寸解析｜

中島吧檯加上餐桌總長為 5 米 4，可容納 8 人使用，餐桌深度則是 1 米 1，寬廣的平檯，作為工作區域、閱讀等都非常舒適好用。

▸ 圖片提供｜CONCEPT 北歐建築

KITCHEN CASE 26

打開格局，成就寬闊大器空間感

開放無隔間的格局規劃，最能展現空間的大器開闊感，除了私領域的臥房，設計師將封閉式的廚房打開，與主空間連為一氣，藉此打造出屋主期待中的寬闊居家空間。而原來功能簡單的一字型廚房，則藉由位於玄關入口左側的櫃牆，與增設的中島，擴充收納、增加料理檯面，讓廚房機能更顯完備，其中以深木色桶身結合大理石檯面打造而成的中島，面寬與餐桌同寬，且材質與色調接近，視覺上有如一個巨大量體，輕易成為空間注目焦點，更是主人與客人交流的重點區域。

- 廚房格局：一字型＋中島
- 廚房坪數：約 7 坪
- 使用建材：門片：亮面鋼琴烤漆｜檯面：人造石、大理石｜設備：烤箱、瓦斯爐

｜尺寸解析｜

高約 120 公分的櫃牆，部份分配給廚房做收納，外觀搭配少量開放式收納，有活潑視覺效果，也方便收放隨手可用的廚房用品。

▶ 圖片提供｜德力設計

KITCHEN CASE 27

親子共廚拉近情感互動

曾在國外生活過的屋主伉儷，熱衷美食、料理，更會利用旅行時參與當地的料理課程。於是，一個能與廳區結合、且足夠規劃各式家電設備的中島餐廚，自然成為住宅的核心。除此之外，這裡也是周末晨間，與孩子共同揉製麵糰、烘焙的甜蜜角落，因此特意自印度黑檯面再度向上延伸實木桌板，賦予多元機能使用，一方面則是擴充料理工作區。後方一字型廚具納入屋主渴望的爐連烤設備，轉過身後，側邊各自是蒸飯鍋與蒸爐、烤箱，透過完美的三角流暢動線，增進烹飪效率。

● 廚房格局：一字型＋中島

● 廚房坪數：約 15 坪

● 使用建材：門片：塑合板（F1 等級）｜檯面：印度黑大理石｜設備：烤箱、蒸爐、爐連烤、洗碗機

｜尺寸解析｜

廚具檯面依據夫妻倆身高設定為 82 公分，中島吧檯稍微調至 85 公分左右，避免造成吊手不適，對於孩子使用上來說也較為方便。

▶ 圖片提供｜兩冊空間設計

KITCHEN CASE 28

內外分區，型塑清爽的生活空間

平時的烹飪方式，容易產生油煙，影響到公共生活空間，熱炒區因此與中島做出內外分區，中島規劃在開放的公共生活區域，以因應平時需要料理輕食、調理飲料需求。中島材質採用方便清理的不鏽鋼打造而成，表面帶有太陽紋理，藉此淡化金屬材質反射特性，並與背牆消光烤漆門片構成和諧的視覺效果；中島背牆收納門片以隱藏式設計，形成一個平整、簡潔的立面，溝縫則成為單純白牆的線性裝飾，而隱藏在其中的熱炒區門片，也因此巧妙收於無形。

- 廚房格局：一字型＋中島
- 廚房坪數：約 5 坪
- 使用建材：門片：白色消光烤漆｜檯面：不鏽鋼｜設備：烤箱

｜尺寸解析｜

中島桶身內退約 20 公分，藉此可留出坐在吧檯椅時，讓雙腳更為舒適的緩衝空間。

▶ 圖片提供｜法蘭德室內設計

精簡線條，型塑餐廚大器質感

原始狹長且封閉的廚房格局，無法展現屋主期待中的現代大器感，於是首要任務就是拆除隔牆，打造空間開闊感，接著把容易使空間線條變得凌亂的廚具，採一字型靠牆做安排，並將冰箱位置改向移至與廚具同排，不過因為冰箱改位，檯面長度縮短成 220 公分無法安排水槽，水槽因此改為配置在中島，如此一來，確保烹調動線不受影響，卻能換來一個簡潔俐落的開放式廚房。色彩延續主空間的黑白灰配色，爐火背牆採用好清理的不鏽鋼面板，搭配不顯髒的深色木質門片，與主空間形成一氣呵成的大器空間，同時也兼顧到廚房實用功能需求。

- 廚房格局：一字型＋中島
- 廚房坪數：約 5 坪
- 使用建材：門片：木作免上漆門片｜檯面：人造石、大理石｜設備：抽油煙機、瓦斯爐、烘碗機

｜尺寸解析｜

由於料理檯空間不足，因此將水槽改為配置在中島，特別選用約 90 公分的大單槽，以滿足洗滌需求。

▶ 圖片提供｜亞維空間設計

鄉村風

實木板 v.s. 手工磚 共構鄉村主調

細究鄉村風廚房的構成元素，大致不脫幾個基本材質。實木、鐵件、帶有手工感的各式復古磚、花磚。實木會替空間增加溫度、帶來親切感；一般而言鄉村風的實木門片上多會搭配直線條的溝縫，或是拉出框邊造型。壁面或檯面部分常以素色手工磚搭配局部花磚跳色，或是直接以不同圖案的花磚拼貼形成端景。至於鐵件多是以門把或掛勾形式點綴，目的在於增加視覺層次。

一般台灣常見的鄉村風線條多以幾何的格紋、X 紋為主，或是保留少量曲線運用在層架邊緣或是油煙罩上。相較於一般廚房，鄉村風廚房的色彩存在感會較強，造型感跟裝飾性也會比較明顯。此外，在空間條件允許的情況下幾乎都會配備中島；對於實用性確實有所助益；中島也容易跟「手作」、「烘焙」等廚房印象串聯，強化鄉村風的整體設計與生活感。

色彩

▶ 圖片提供｜亞維空間設計

・各式鄉村選色重點不同

南法鄉村風在顏色運用上比較濃郁飽滿，木色也相應較深。日式鄉村走清新路線，喜歡用白加原木色。英式鄉村色彩則較粉嫩，會融合碎花圖案點綴。法式鄉村重視曲線，木頭除了以原木色呈現，會刻意染白或做仿古處理。

・半新舊色調鋪陳自在悠閒

鄉村風廚房常以木紋磚、橘紅或是釉色不均的復古磚用於地面。立面則常加入水果或花朵圖案的花磚來點綴。這種半新舊色調不僅好照顧清理，也讓空間少了均質純粹的壓力，藉由深淺駁雜的色調渲染柔和，營造更自在的氛圍。

・從自然取材、重視和諧感

鄉村風走的就是大自然色調；不論是接近大地色的泥灰、磚紅，植物色的草綠、米白、禾黃，或是仿水、天的各種藍，都是可套用的選色。一般會是揉雜了灰的不均勻色，或是加入了白的柔和色，而不是鮮艷純色。

材質

▶ 圖片提供｜亞維空間設計

・以原木連結田野、呼應自然

不同於鋼琴烤漆的光澤亮麗，或不鏽鋼廚具的冰冷；實木天然溫潤觸感，以及紋路自然的特質會讓空間更具親切感。門片上多會搭配直線條的溝縫，或拉出框邊造型。

・用磚調度設計、豐富變化

採用釉或邊緣不那麼整齊的手工磚，讓空間感覺更人性化。壁面或檯面可依設計效果選配素色磚，或局部採用花磚點綴。亦可將色系相同但不同圖案的花磚直接拼貼鋪陳，也會讓視覺效果更豐富。

・藉鐵件點綴門面、立體表情

除了在南法鄉村中可以看到量體較厚重的鐵件元素外，一般鄉村風廚房多是採用古銅金或鐵灰的色調以門把形式點綴。有時也會染黑化身成料理配件的收納層架或掛勾，透過重色妝點來烘托廚房個性。

▶ 圖片提供｜亞維空間設計

機能完備的青蘋果亮點

囿於格局限制，將玄關區限縮在廚房與客廳交界的角落，但透過懸空櫃體和地坪材質的差異區分機能。開放式規劃需顧及整體性，因此牆面底色用鵝黃來銜接整個公共區語彙，但透過清爽的蘋果綠來凸顯廚房，產生一個醒目的色彩亮點。冷氣位置設於廚房，因此在區域入口暗藏了三片式連動拉門；既可防止油煙外洩，也能提升節能效果。牆壁採用方便清理的烤漆玻璃鋪陳，亦可充當留言板使用。中島檯正面及側邊皆可收納，桌面上還鑲嵌了 IH 爐，不僅好清理，也使便餐機能更加完善。

● 廚房格局：一字型＋中島

● 廚房坪數：約 3.5 坪

● 使用建材：門片：橡木實木門片 | 櫃體：木心板（防潮板） | 檯面：賽麗石 | 設備：IH 爐

| 尺寸解析 |

利用一座 180×60×86 公分中島形成視覺端景、昭示機能。落地窗旁規劃一座 260×60×233 公分的開放櫃增加造型變化，同時增加取用便利。

▶ 圖片提供｜爾聲空間設計

KITCHEN CASE 31

以古典線條型塑法式隨興小酒館

平時有品酒習慣的夫妻倆，經常邀約朋友來家裡聚餐，因此除了基本的料理功能外，設計師採用開放式 L 型廚房格局做規劃，把料理爐火區設置在面牆短邊處，L 型長邊檯面則加長尺度，將備餐檯、餐桌兩種機能合而為一，當屋主在備菜、料理時，就能輕鬆與客人做互動。生活感強烈的收納最容易破壞空間美感，因此唯一的電器高櫃靠牆規劃，降低存在感，其餘櫃體則以帶有古典線條的深色門片與金色古銅手把加以隱藏、美化，型塑廚房的古典、溫馨主調。

- 廚房格局：L 型
- 廚房坪數：約 4 坪
- 使用建材：門片：實木貼皮｜檯面：義大利薄磚｜設備：瓦斯爐、烤箱、酒櫃、倒 T 抽油煙機

｜尺寸解析｜

靠窗牆面事前預留約 80 公分寬的冰箱位置，剩餘牆面寬度便量身打造寬度約 2 米 1 與深度 75 公分的矮櫃，方便屋主擺放植栽，也補足收納空間需求。

▶ 圖片提供｜亞維空間設計

KITCHEN CASE 32

水槽臨桌增添工作便利

可可色的二字型廚房利用長型磚橫向鋪貼，營造出類似磚牆的視覺效果；米白底色點綴幾塊不同圖案藍花磚，讓空間洋溢活潑卻又保持清爽。廚具檯面使用以石英磨粉製成的賽麗石，不論在硬度或是不易吃色的問題上，效果都較人造石更加優異。電器櫃雖高及天頂，但因位於廚房內側又有採光窗輔助，因此並不感覺厚重。餐桌緊貼廚房，將水槽置於檯面較短的這一側，不僅方便餐後收拾清潔，也有助就近處理輕食或水果。入口同樣規劃有隱藏式的滑軌拉門，且採懸掛式軌道處理，可同時確保地板鋪面完整性和節省溝縫清理麻煩。

- 廚房格局：二字型
- 廚房坪數：約 3 坪
- 使用建材：門片：橡木實木門片｜櫃體：木心板（防潮板）｜檯面：賽麗石｜設備：下嵌式烘碗機

｜尺寸解析｜

冰箱上方的畸零空間利用 90×80×50 公分的上掀式門片櫃增加收納。流理檯下則預留了 80×60×86 公分放置下嵌式烘碗機，讓設備與廚具更能融為一體。

KITCHEN CASE 33

位移門片，還廚房完整空間

原為一字型的封閉廚房，將隔牆拆除，同時後陽台入口移位，讓空間立面變得完整，型塑出開放的餐廚領域。櫃體延展形成 L 型的動線設計，搭配中島讓料理空間變得更開闊。而延續整體空間的鄉村風格，櫥櫃選用訂製門片，表面的線板設計刻畫出鄉村風的質樸；抽油煙機也刻意做包覆，宛如煙囪的設計展現美國舊時的壁爐形象。鄉村風的佈置靈感取自大自然，草綠色系則暗喻與戶外的連結，為空間增添暖度；胡桃木的中島檯面則展現木質的溫潤，深刻的紋理豐富空間表情。

● 廚房格局：L 型＋中島

● 廚房坪數：約 3 坪

● 使用建材：門片：橡木染色｜檯面：流理檯為人造石、中島為胡桃木實木｜設備：全隱藏式抽油煙機、瓦斯爐、炊飯櫃、蒸爐、烤箱、BOSCH 洗碗機

｜尺寸解析｜

在廚房為了方便兩人同時使用，在中島和流理檯之間的走道寬度約為 110 公分，即便一人在中島備料，一人在烹煮都能同時運作。

▸ 圖片提供｜上陽室內設計

▶圖片提供｜上陽室內設計

｜尺寸解析｜

中島吧檯設計為適合小孩的安全高度 90 公分高，不論是起身或行走經過都不致碰撞。

增設中島吧檯，用餐、辦公機能兼具

這是一間作為辦公的空間，原先就開闊無隔間的廚房，特意以屏風和中島吧檯區隔，隱性劃分出廚房領域。做為簡便茶水間的廚房，同時也希望做為討論開會的場所，因此設置中島吧檯，長型設計拉大空間，多人使用都方便。而為了讓使用更舒適，刻意選用有椅背的吧檯椅，再加上可靠腳的椅腳設計，適合長期久坐。櫃體門片以灰藍色系流露理性冷靜氛圍，適用於辦公區域。作為區隔的鐵件屏風則融入鄉村風思維，運用拱型大窗的設計，搭配樹影花鳥，展現自然歐風韻味。

- 廚房格局：一字型＋中島
- 廚房坪數：約 3 坪
- 使用建材：門片：橡木染色｜檯面：流理台檯面為人造石、中島為實木｜設備：冰箱、微晶爐、炊飯櫃、全隱藏式抽油煙機、烤箱

▶ 圖片提供｜亞維空間設計

KITCHEN CASE 35

善用大空間擴氣度、納機能

案例空間約 85 坪，因此得以用四片寬幅拉門將餐、廚歸納在一個完整的範疇中，並藉由大面積櫃牆統整電器與冰箱。採光條件良好，在淺色木紋磚上用灰藍廚具搭配灰色檯面打造沉穩風範。立面拉出一道花磚牆活絡氣氛，加上波浪排油煙罩，都讓場域線條更加豐富。靠近餐桌的檯面，利用賽麗石築高 25 公分吧檯，落座用餐時就可以將視線更聚焦於餐桌。由於空間尺度充裕，除了備有一大一小的水槽之外，還配備有瓦斯爐與單口 IH 爐，不但可增加日常應用便利，即使宴客時需要大量備餐也有利於分工互助。

- 廚房格局：ㄇ字型
- 廚房坪數：約 13 坪
- 使用建材：門片：橡木實木門片｜櫃體：木心板（防潮板）｜檯面：賽麗石｜設備：烤箱、洗碗機、IH 爐

｜尺寸解析｜

餐廚區利用 330×60×240 公分落地櫃牆統整電器櫃與冰箱。櫃牆上藉由單扇 90×240 公分的門片尺寸搭配 X 線條造型拼接，讓空間氣勢得以放大卻又不會流於平板。

▶ 圖片提供｜爾聲空間設計

KITCHEN CASE 36

多種元素堆疊而成的法式廚房

為了讓英國屋主夫妻在台灣短期居住時，也能延續國外的生活習慣，如何讓廚房充滿嚮往已久的法式風格成為了主要，機能反而是次要。首先在空間裡加入大量法式風格元素，像是地板的黑白磚、天花線板以及格窗推門，架構出屋主喜愛的法式空間與歐式氛圍；收納部分因過去收納櫃體過多造成陰暗、壓迫感，因此女主人特地要求不做吊櫃，連抽油煙機也不做櫃體修飾，以維持空間開闊感，根據平時料理習慣，除了必備的烤箱和洗碗機外，將機能簡化為基礎需求，也藉此對應屋主簡單的生活。

- 廚房格局：一字型
- 廚房坪數：約 3.5 坪
- 使用建材：門片：實木貼皮｜檯面：白色人造石｜設備：瓦斯爐、洗碗機

｜尺寸解析｜

櫃體過寬會阻礙女主人，摘取種植在窗台的香草材料，因此窗邊矮櫃深度僅有足以收納碗盤的 35 公分左右，色彩延續牆面的白以削弱存在感。

KITCHEN CASE 37

雙一字型櫥櫃並列，空間不零碎

由於屋主善於下廚，希望家中能有讓家人常駐的區域，因此將原本老屋重新改造，合併餐廳、廚房，挪至採光最充足的客廳，客廳和餐廳位置因而調轉，餐廚空間儼然成為生活重心。整體以玻璃格子拉門區隔，不用時就可敞開，讓空間不致顯小。櫥櫃沿著空間兩側並列，雙一字型的設計，用意在於留出完整不被切割的中央區域，使用更為方便。長型餐桌能容納多人，而開闊的區域讓親朋都能相聚一堂，人再多也不怕。採用深藍色門片，做為餐廚空間主色，寧靜的色系穩定空間氣息，地面採取大地黃的復古花磚，讓餐廚區域更添家的溫馨。

- 廚房格局：雙一字型
- 廚房坪數：約 4.5 坪
- 使用建材：門片：橡木實木染色｜檯面：石英石｜設備：倒 T 型抽油煙機、IH 智慧爐、水波爐、烤箱、嵌門板洗碗機、烘碗機、濾水器 + 加熱器、炊飯櫃

｜尺寸解析｜

一側的流理檯面炊煮區深度加深為 65 公分，擴增備料空間；另一側的茶水區則維持 60 公分深，確保使用彈性。

▶ 圖片提供｜上陽室內設計

▶ 圖片提供｜上陽室內設計

KITCHEN CASE 38

|尺寸解析|

配合屋主的身高，流理檯高度設計為 87 公分左右。同時為了不碰撞到頭，且拿取方便的前提下，上櫃必須內縮，深度約在 37 公分為佳。

廚房擴增，拉伸空間視線

由於原有廚房坪數較小，且為狹窄的一字型封閉空間，擁有許多廚房道具的屋主無處可收納。因此善用後陽台，將廚房外擴延展，形成 L 型動線，獲得更多餘白空間。為了擴增收納領域，不放過牆面和廚房高度，增設吊架。刻意採用通透的層架，同時地面改以人字拼地磚，具有方向性的設計，有效將視線延伸至窗外，擴展空間深度。而櫃體選用全白的色系，空間更有潔淨感，放大視覺效果，門片則以線板修飾，延續濃厚的鄉村風格。

● 廚房格局：L 型

● 廚房坪數：約 2 坪

● 使用建材：門片：西德美心板、德國仿實木框造型｜檯面：人造石｜設備：倒 T 型抽油煙機、三口瓦斯爐、烤箱、嵌門板落地烘碗機、濾水器＋加熱器

▶ 圖片提供｜浩室空間設計

回字動線，行走更簡便

由於在毛胚屋時就進行客變，因此順應原有廚房格局，冰箱和電器櫃整合在牆面，留出中央空間，藉此增設中島和餐桌，形成回字動線。方便行走的設計，不論從哪個方向進出都順暢。廚房設計延續整體空間的鄉村風格，中島側面貼覆訂製線板，搭配鑄鐵桌腳的餐桌，濃重的木質原色展現質樸原味；櫥櫃門片則採用特製線板，再加上北歐風格的簡潔設計，降低線條複雜度，視覺更為俐落。而家有幼兒的關係，以安全為導向，將家具四角磨圓，避免碰撞受傷。

- 廚房格局：一字型＋中島
- 廚房坪數：約 3 坪
- 使用建材：門片：密底板、結晶烤漆 | 檯面：人造石 | 設備：抽油煙機、瓦斯爐、洗碗機

｜尺寸解析｜

中島位置順應後陽台出入口切齊，形成一道寬 95 公分的平整廊道，避免畸零地帶產生。屋主希望在中島增設水槽，因此寬度為 70 公分、長度增至 120 公分，以擁有更多料理空間。

▶ 圖片提供｜亞維空間設計

以滑軌門窗銜視覺、阻油煙

長型廚房利用 L 型流理檯延展使用面積，並透過長、短邊將水槽與爐火區明確切分；既保留採光、增加安全性，也減少氣流對烹煮時的火勢影響。對向中島同樣規劃了水槽，讓生、熟食便於分開處理，也擴充了備餐檯範疇。考量大火快炒的烹飪習慣，增設阻隔油煙的玻璃滑軌門窗；搭配好清理的平嵌式留明天花，不但可保留開放空間明朗、大方視覺優勢，也將實用機能淋漓發揮。由於餐、廚統整在相同區域，刻意利用 60×60 和長條形木紋磚做地坪區隔。立面則拼貼了灰色花磚增加變化，使廚房在封閉和開放時都能和周邊環境形成共鳴。

- 廚房格局：L 型＋中島
- 廚房坪數：約 3.5 坪
- 使用建材：門片：橡木實木門片｜櫃體：木心板（防潮板）｜檯面：賽麗石｜設備：水波爐、洗碗機

｜尺寸解析｜

透過增加一座 180×86×60 公分中島檯，不但可擴充備餐檯面積，亦與玻璃滑軌門窗搭配將餐、廚機能切分開來，同時滿足視覺開放與阻隔油煙需求。

▶ 圖片提供｜亞維空間設計

KITCHEN CASE 41

以線板、燈具強化歐風

屋主喜歡英式風格，加上從玄關一轉進來就是餐、廚空間；因此先以衍架鋪陳玄關天花，再以小碎花圖樣櫃牆統整壁面，讓人一進門就感受優雅。廚房延續精緻理念，在中島周邊加強了立體線板，面板也刻意凸顯出灰框顏色提升美觀。電器櫃採雙面設計，讓餐、廚都可以利用。櫃體用開放層架跟封閉的門片共構，兼具實用與造型感。頂端亦規畫了儲藏，但用素白門片弱化設計，使櫃體可以減少壓迫。中島上方有一根大樑，但透過造型燈具轉移了焦點，也一併呼應了整體氛圍設計。

● 廚房格局：L 型＋中島
● 廚房坪數：約 3 坪
● 使用建材：門片：橡木實木門片｜櫃體：木心板（防潮板）檯面：賽麗石｜設備：瓦斯爐、烘碗機

｜尺寸解析｜

雙面使用電器櫃為 60×60×240 公分，中間規劃了三個 180×60×85 公分的櫃格，藉由開放式設計降低餐桌壓迫感，也讓物件取放更就手。

KITCHEN CASE 42

拆一牆，拉寬廚房深度

屋主本身常下廚的關係，需要擺放不少電器，因此必須擴增原有廚房。拆除一牆，讓廚房與餐廳空間產生聯繫，半開放的設計無形拉寬廚房領域。將所有電器設備收整於餐廳牆面，同時將廚櫃拉伸為 L 型的設計，讓備料、烹飪僅隔一條走道的間距，來回使用也自如。善用電器櫃四周的剩餘空間，以備物品收納之需。整體空間以白色為基調，線板門片的線條暗喻鄉村風格語彙，牆面則選用大地黃的復古磚，營造質樸氣息，加設鑄鐵吊桿，更添美式風格韻味。

● 廚房格局：L 型
● 廚房坪數：約 2 坪
● 使用建材：門片：框邊造型烤漆板｜檯面：人造石｜設備：倒 T 型抽油煙機、雙口瓦斯爐、烤箱、炊飯櫃、蒸爐、微波爐

|尺寸解析|
電器櫃深度採用 60cm，後方仍留有散熱空間。為一般常見尺寸，方便納入市面上的機型。

▶ 圖片提供｜上陽室內設計

▶ 圖片提供｜亞維空間設計

｜尺寸解析｜

將電器櫃與冰箱整合在一座 60×233×60 公分高櫃中，讓整體畫面顯得大方。一旁的上櫃則以 495×80×60 公分鋪陳，搭配玻璃元素讓櫃體更靈巧活潑。

藉曲線與暖色增添柔美

廚房位置鄰近玄關，加上入口處恰巧有一根大樑橫越，因此利用深咖啡色造型衍架鋪排天花，搭配開放式設計營造開闊效果。藉由不同花色的復古地磚和超耐磨地板界定出區域屬性，並透過造型燈具再次強化各區風情。廚具面板以鵝黃鋪陳輕柔，波浪線條的抽風機外罩使畫面更雅致。白底藍花壁磚則讓空間表情更有精神。中島底座內縮 20 公分，方便落座時不會頂撞。側邊安排了書報架，成為食譜的安身之所。廚具上櫃不做滿並融合部分玻璃元素；可以減少量體壓迫也增加取用方便。

- 廚房格局：L 型＋中島
- 廚房坪數：約 6 坪
- 使用建材：門片：橡木實木門片｜櫃體：木心板（防潮板）｜檯面：賽麗石｜設備：水波爐、洗碗機

▶ 圖片提供｜IKEA

北歐風

簡潔線條激化 實用與舒適

北歐風也稱為「斯堪地那維亞風格」。由於「北歐五國」位居高緯夏季時間短，所以非常注重住宅的「向光性」。森林資源豐富就地取材而使得木材被大量運用。也因受限於氣候及環境待在室內的時間長，故重視「人在空間中舒適生活」需求，物品質感講究「實用」和「耐用」。在風格流變上，以瑞典國王古斯塔夫三世的古典風格，以及丹麥受現代主義啟發所反映的機能美學影響最大。

有了上述概念，就可以用更全面的角度來理解北歐風。例如，在空間規畫上注重採光和自然連結；講究實用所以會捨棄不必要的裝飾，藉由俐落線條傳達簡潔。此外，雖重視舒適但仍講究設計美感。總結來說，北歐風其實就是「在簡約線條基礎上，捨贅飾、以實用為核心的舒適空間」。因每位設計者對於概念詮釋不同，加上風格表現手法已趨於混搭，雖然呈現出來的樣貌不一致，但清新跟舒適氛圍是共通的，而這也正是其獨特迷人之處！

色彩

▶ 圖片提供｜曾建豪建築師事務所 / PartiDesign Studio

・「白色＋原木」是經典搭配

由於長年寒冷，如雪般的純白是北歐風中最容易看見的配色，運用在廚房中也格外有清潔感。而運用木材特質轉化成廚房空間裡的檯面或收納架，溫暖白的冷調，同時讓生活與自然產生連結。

・運用鮮豔色塊與幾何圖案妝點

北歐風也喜歡以色塊裝飾空間，常見運用在上櫃與流理檯中間的立面，或是將部分櫃體做跳色處理，藉此有活潑空間效果，也不失北歐風一貫給人的理性印象。

・清爽、明亮的自然系配色

除了瑩亮的純白外，清淡、明亮是北歐風空間基本印象，因此立面淺木色佔比也很高，而只要在佔據廚房最大面積的廚具以此做挑選方向，便可快速架構出北歐風輪廓。

材質

▶ 圖片提供｜IKEA

・以木素材勾勒自然氣息

木材是北歐空間裡常見的素材，除了在廚具應用，也可以藉由開放式空間規劃將木質的餐桌、椅納入場域之中營造溫馨氛圍。由於整體空間的色調較淺，所以可以選用像是橡木、白樺木、梣木、栓木等顏色較淺的木材。

・藉各式磚材增加表情層次

磚材清理方便又不像烤漆玻璃那麼冰冷。由於空間主色是白，所以常會在壁面貼上馬賽克或是其他款型的磚來增加變化。不同於鄉村風用花磚拼貼來增加柔美，北歐風顏色多以單色甚至白色為主，顯現出北歐風較為理性的設計風格。

・用木框使玻璃窗表情更立體

為了迎納大量的陽光，玻璃也是北歐風格中不可或缺的素材；但通常是以窗的表現形式存在，或成為部分的門片裝飾。仔細探究，不論是格子窗或是長條型窗戶，多半都會用木框來增加立體感，藉此呼應室內重視自然的設計特質。

▶ 圖片提供｜曾建豪建築師事務所 / PartiDesign Studio

KITCHEN CASE 44

上百個夢幻鑄鐵鍋、餐盤都好收

屋齡超過 20 年的複層住宅改造，女主人最希望擺脫過去封閉又炎熱的廚房空間，夢想擁有中島廚房，還要能放得下收藏的上百個鑄鐵鍋。於是設計師將格局重新調整，拆除公共隔間、修正樓梯位置，並讓電視牆最小化，同時利用結構柱規劃大型中島與 L 型廚具，讓整個廳區以環繞動線圈圍著餐廚中心，家人之間更有向心力。一方面，針對熱衷料理的女主人，特別選用以濕布即可清潔油汙的珐瑯門片廚具，並針對瓦斯爐具、電爐裝設風力不一的抽油煙機，解決開放廚房的油煙問題。

- 廚房格局：L 型＋中島
- 廚房坪數：約 10 坪
- 使用建材：門片：珐瑯門片｜檯面：賽麗石｜設備：蒸爐、烤箱、洗碗機、烘碗機

｜尺寸解析｜

長達 230 公分的中島規劃，外側開放層架深度達 45 公分，可堆疊收納鑄鐵鍋，靠近料理檯的中島底下是深度 60 公分的大抽屜，可完美收藏各式餐具。

▶ 圖片提供｜兩冊空間設計

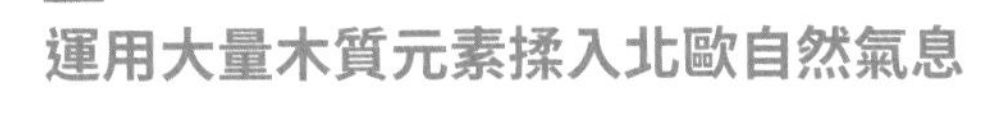

運用大量木質元素揉入北歐自然氣息

原來建商附贈的廚具，與屋主嚮往的北歐風有落差，於是設計師在不大動作變更的前提下，選擇以更換部分建材重塑北歐廚房印象。首先拆除爐火區過於複雜的搭配，改以對比的黑白兩色，簡化立面線條型塑簡約現代感，天花刻意加入木質元素，除了有轉移視覺焦點、淡化黑白色冷調效果，亦可強調北歐風特有的自然質感；廚房最怕油煙，封閉式設計又會壓縮空間感，此時以具穿透感的玻璃滑門取代隔牆，兼顧油煙問題、保留了開闊感，同時製造餐廚區與公共區域互動機會。

- 廚房格局：ㄇ字型
- 廚房坪數：約 3.5 坪
- 使用建材：門片：木紋｜檯面：人造石｜設備：瓦斯爐、倒 T 型抽油煙機

｜尺寸解析｜

ㄇ字型中間行走空間，留出約 120 公分寬，如此轉身料理、備餐動作時，才能更有餘裕，而不會讓人感到過於擁擠。

▶ 圖片提供｜曾建豪建築師事務所 / PartiDesign Studio

清爽透亮重新定義美食空間

很多小坪數住宅的格局，入口右側就是連結廚房，為爭取更有效益的使用坪效，設計師除了直接讓中島吧檯兼具餐桌功能，玄關與餐廚之間也規劃一座雙面櫃，提供雙邊區域使用，除此之外，中島吧檯的內側規劃酒櫃、抽屜，令空間隨時能保持整齊俐落。中島左側牆面則因應藏設管線產生的木作牆面，創作出幾何展示櫃，成為餐廚的端景。以白色、清水模為背景框架之下，適時運用梧桐木、木頭天花等，營造出溫暖的居家氛圍。

● 廚房格局：一字型＋中島
● 廚房坪數：約 3 坪
● 使用建材：門片：結晶鋼烤｜檯面：人造石｜設備：烘碗機、烤箱

｜尺寸解析｜

雙面櫃體深度達 80 公分，右側深度 50 公分作為鞋櫃收納、左側則是 30 公分的淺櫃，可收納衝浪板。

▸ 圖片提供｜曾建豪建築師事務所 / PartiDesign Studio

斜面吧檯創造多機能廚房

因應新成屋天花樑柱與空間深度關係，設計師以斜面設計為串聯，客廳微調角度後，沙發後方增設一座斜面吧檯，最主要在於為小廚房擴充收納機能，甚至也將冰箱巧妙嵌入吧檯內側。另考量電視牆為深色木皮，加上廚房是金屬磚，吧檯櫃體特別選用梧桐木紋拼貼，作為冷暖氛圍的調和，包括檯面顏色更是以視線角度為配色概念，客廳望向吧檯的最高處檯面選用黑色人造石鋪陳，家電櫃上方檯面則是與廚具相互搭配的白色人造石，讓廚房兼具機能與視覺美感。

- 廚房格局：一字型＋中島
- 廚房坪數：約 2 坪
- 使用建材：門片：結晶鋼烤｜檯面：人造石｜設備：瓦斯爐、烤箱

｜尺寸解析｜

斜面吧檯櫃體深度以設備、儲物收納需求規劃，並不全然是統一的深度，像是烤箱部分為 60 公分，最外側約 30 公分，同時抬高櫃體約 5 公分，降低沉重與壓迫感。

▶ 圖片提供｜ CONCEPT 北歐建築

KITCHEN CASE 48

解放封閉格局，強調空間與人的對話

一字型廚房工作檯面不足，而且面牆規劃的廚具，也不便於屋主與客人互動。為了解決封閉以及不易互動的問題，將隔牆拆除改為開放式設計，一字型廚具仍是廚房規劃主軸，但利用線條俐落的白色廚具，收斂所有生活家電，形塑簡約有型的廚房，無形中也能自然融入主空間而不顯突兀。另外，基於強調互動關係，增設一座面向餐桌的中島，配置水槽讓中島除了備餐，還能進行洗滌等事前準備工作，如此一來，料理過程中屋主便不需長時間面牆，而能愜意地與親朋好友進行對話。

● 廚房格局：一字型＋中島
● 廚房坪數：約 3 坪
● 使用建材：門片：亮面鋼琴烤漆｜檯面：人造石｜設備：隱藏式抽油煙機、烤箱

｜尺寸解析｜

中島高度設定在約 95 公分左右，兼顧舒適工作的適當高度，對位於餐桌的人來說，也不會因高度過高而阻礙與料理者互動。

KITCHEN CASE 49

強調互動設計，找回家的溫度

過去老屋格局，將空間切得零碎，也阻擾了家人的互動，於是屋主希望藉由老屋改造，重拾親密的家人關係。狹長的地基，寬度不足本來難以規劃，但回應屋主需求，設計師將廚房從最後端調至前端成為空間主角，並以最強調互動的開放式設計做規劃；面牆動線一半為電器收納，一半為爐火區，料理空間明顯不足，於是增加一座中島，滿足料理檯面需求，並在中島嵌入餐桌、書架等設計，讓女主人可以圍繞著中島與孩子們互動，也因此重新凝聚起家人的情感。

- 廚房格局：一字型＋中島
- 廚房坪數：約 3 坪
- 使用建材：門片：黑色美耐板｜檯面：不鏽鋼｜設備：IH 爐、烤箱、炊飯器

｜尺寸解析｜

高櫃雖做至 3 米 3 齊頂，但切分成上下兩個收納，電器櫃約佔 90 公分高，剩餘空間則收納雜物，並刷上白色融入天花、牆面，弱化高櫃壓迫感。

▶圖片提供｜裏心設計

▶ 圖片提供｜RND Inc. 空間設計事務所

｜尺寸解析｜

在樑下約 20 公分處，打造一個木質開放層架，高度與隱藏式抽油煙機切齊，維持視覺上的簡潔。

收斂複雜元素，打造無印簡約輪廓

屋主平時下廚時間不多，對廚房機能僅有基本要求，於是設計師選擇以屋主喜歡的無印風做為廚房設計主軸。簡單的一字型開放式設計加上餐桌，將廚房重新定義為餐廚區，刻意不做上櫃，以維持視覺的開闊感受，加上特別挑選的隱藏式抽油煙機，便可降低生活感，並與牆面的琴鍵馬賽克磚，串聯成一個具深淺變化的白色立面，而與立面潔淨的白對應的下櫃，則以木紋門片搭配簡約造型把手做表現，藉此呼應空間俐落主調，並注入木素材特有的溫度，為這個小巧的廚房帶來更多溫馨感。

- 廚房格局：一字型
- 廚房坪數：約 4 坪
- 使用建材：門片：木紋門片｜檯面：不鏽鋼｜設備：IH 爐、隱藏式抽油煙機

▶ 圖片提供｜RND Inc. 空間設計事務所

整合風格與機能，打造專屬理想廚房

中古老屋廚房原是封閉式小廚房，然而屋主夫婦需要一個能結合料理、用餐與工作的多功能型空間，因此不只打掉隔牆，更將廚房九十度轉向，重新定位餐廚區。兩側需留出入動線，於是採一字型廚具加中島做規劃，選擇更符合國人使用的國產廚具，特別著重顏色、比例的搭配與協調，以此打造出屋主期待中深具質感與美感的北歐廚房。對應屋主的多重需求，以檯面寬度約 100 公分的中島，滿足女屋主製作翻糖所需空間，接著利用寬度近 100 公分寬的餐桌，延續用餐、工作機能，最後加上側邊活動收納完整空間機能，完美達成屋主所有期待。

● 廚房格局：一字型＋中島

● 廚房坪數：約 4 坪

● 使用建材：門片：灰色結晶鋼烤｜檯面：黑色石英石、亂紋不鏽鋼｜設備：IH 爐、烤箱、微波爐

｜尺寸解析｜

中島是由兩座深度各 50 公分的桶身組合而成，約 100 公分寬的檯面利於翻糖工作使用，下櫃則採雙面櫃收納形式，滿足各式烘焙、翻糖器材的收納需求。

▸ 圖片提供｜爾聲空間設計

KITCHEN CASE 52

格局微調，創造最佳親子互動餐廚空間

原始廚房空間有限，加上女主人希望料理時，便於同時看顧小孩，未來孩子長大時也能在廚房互動，因此拆除一個房間的隔間牆，以最適合互動需求的開放式廚房做設計，一字型廚具保留不動，藉由增加一座中島，拓展料理備餐檯面，同時將用餐區併入廚房，整合成一個多功能餐廚區域，如此便能利用動線的重疊，縮短家人距離，強化互動關係。延續主空間風格，以白做為廚房主調，另外避免過白容易少了家的溫度，於是搭配有安定空間效果的灰藍色，最後點綴少量木元素，在呼應整體空間簡約清新前提下，注入更多溫馨元素，營造出讓人放鬆的親密氛圍。

- 廚房格局：一字型＋中島
- 廚房坪數：約 2 坪
- 使用建材：門片：木作霧面｜檯面：白色人造石｜設備：瓦斯爐、微波爐、烤箱、落地型烘碗機、隱藏式抽油煙機

｜尺寸解析｜

中島檯面過寬，可能壓縮到空間，也會影響走道動線，因此縮小面寬至 60 公分，讓整個餐廚區空間感與動線，感覺更有裕餘而不顯擁擠。

▶ 圖片提供｜ CONCEPT 北歐建築

KITCHEN CASE 53

圍繞廚房親密互動的溫馨畫面

喜歡下廚的一家人，希望擁有一個可以一起下廚、享受料理的廚房，但原始廚房格局無法達到共享目的，空間上也過於狹小、侷促，設計師因此將廚房挪移至與電視牆同一軸線上，而藉由挪移至呈 L 型的空間，設計出料理空間寬敞的 L 型廚房，電器、雜物等收納，安排在短邊牆面，恰好可避開視線，營造簡潔俐落感。料理串起屋主一家人互動，開放式設計讓互動沒有阻礙，另外增加的中島，則能滿足當多人同時料理時，工作檯面的需求。延續主空間極簡色彩主調，除了以霧面磚材豐富視覺變化外，選擇大量留白襯托屋主色彩繽粉的鍋具，製造空間吸睛亮點。

- 廚房格局：L 型＋中島
- 廚房坪數：約 2.5 坪
- 使用建材：門片：消光白陶烤門片｜檯面：人造石不鏽鋼｜設備：瓦斯爐、烤箱、水波爐

｜尺寸解析｜

除了姐妹倆，媽媽也擅長料理，因此廚具高度約 80 公分，中島則為約 90 公分，如此便可讓所有人都能在料理時感到舒適、好用。

▶ 圖片提供｜浩室空間設計

中島為中心，型塑三角動線

30 年透天老屋重新改造，整頓一樓閒置已久的後院，轉化為廚房空間。沿著空間長邊設置一字型櫥櫃，由於有足夠的空間深度，再加上屋主希望能增加烤箱設備，因此增設中島，並將烤箱置於中島下方。整體空間儼然以中島為中心，形成中島、水槽、冰箱相連的三角形動線，有效縮短行走距離。而餐廳與廚房採用玻璃拉門，通透的視覺，拉伸空間廣度。外牆拉高開大窗，上方則增設採光罩，自然引入陽光，型塑戶外廚房的氛圍。部分採光罩刻意採用白膜貼覆，有效遮蔽視線，避免行人窺探。

● 廚房格局：一字型＋中島
● 廚房坪數：約 3 坪
● 使用建材：門片：進口系統板材｜檯面：人造石｜設備：抽油煙機、瓦斯爐、烤箱

｜尺寸解析｜

為了讓料理動線不擁擠，中島與一字型櫥櫃走道寬度留出 100 公分，兩人交錯通過或同時使用都不顯小。而中島與流理檯高度則在 90 公分，以符合屋主身高。

▶ 圖片提供｜曾建豪建築師事務所 / PartiDesign Studio

KITCHEN CASE 55

檯面延伸讓餐廚連結更緊密

二房二廳的住宅空間，玄關一進來的右側即是廚房，若是再規劃獨立餐廳，使得空間過於擁擠。因此，設計師將廚具料理檯面予以延伸拉長兼具餐桌、輕食中島的功能，與客廳做開放式連結，同時透過木質天花巧妙界定空間屬性。由於屋主料理頻率並不算高，必備的洗碗機、烤箱利用嵌入式設計與廚具結合，也因應料理需求配置雙水槽。後方清水模牆面則搭配開放式層架，作為生活家飾的展示用途，另外像是中島鄰近玄關的立面，也預留層架提供腳踏車帽、小孩用品等收納。

- 廚房格局：L 型
- 廚房坪數：約 3 坪
- 使用建材：門片：結晶鋼烤｜檯面：人造石｜設備：洗碗機、烤箱

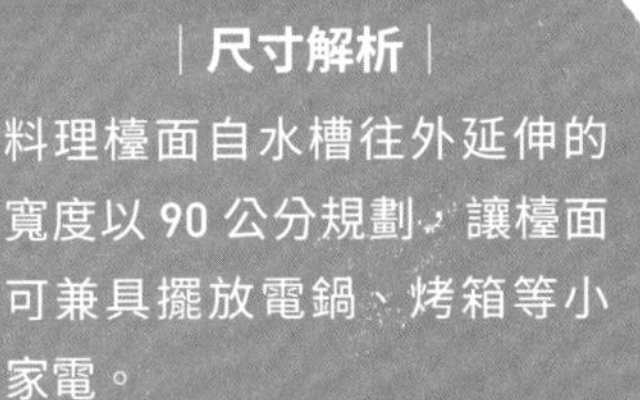

｜尺寸解析｜

料理檯面自水槽往外延伸的寬度以 90 公分規劃，讓檯面可兼具擺放電鍋、烤箱等小家電。

KITCHEN CASE 56

面對廳區下廚，創造情感交流與互動

有別於傳統中島設計只有單純的水槽或檯面的使用，這個中島特別納入爐具配置，讓備料、烹飪的過程當中，都能面向公共廳區，同時也結合早餐吧等多樣用途。後方牆面則留給電器櫃、高櫃收納使用，灰色陶板門片上方特意結合白色烤漆，凸顯色彩層次、令立面更為跳脫與豐富。廚房左側的雙面書櫃，則是化解進門直視廚房的問題，也為餐廚環境增添人文氣息，而看似冷調的灰色石英磚地坪，利用木質天花、局部木紋門片的搭配，注入些許暖意，天花內也巧妙隱藏管線與空調設備。

- 廚房格局：中島廚房
- 廚房坪數：約 9 坪
- 使用建材：門片：塑合板、陶板｜檯面：人造石｜設備：洗碗機、蒸爐、烤箱

｜尺寸解析｜
倚牆而設的電器櫃、高身櫃高 230 公分，可收納各式乾料食材，最上端再以木工打造高 45 公分的烤漆門片櫃體，增添更多儲藏空間。

▶ 圖片提供｜曾建豪建築師事務所 / PartiDesign Studio

▶ 圖片提供｜JCONCEPT 北歐建築

｜尺寸解析｜

從地坪到樑柱高度約 230 公分，因此冰箱上方多出來的空間，便打造成收納空間，統一採用與廚具相同的白色亮面鋼琴烤漆門片，有適度隱藏、減少壓迫感效果。

以輕淺色調強調明亮採光

中式烹調大火快炒產生大量油煙，因此廚房位置多會與陽台做聯結，以利於油煙排出，但屋主平時以輕食料理為主，廚房功能也是基本需求，於是為了整合過於零碎的空間格局，把廚房挪移至玄關大門左側位置，並採用開放式規劃，搭配白色亮面烤漆廚具，增添廚房的明亮感。不過一進門就看見廚房過於直接，此時利用一座電器高櫃做區隔，並從高櫃延伸出一座中島，增添收納與工作檯面機能，地坪則與玄關統一使用磚材，減少線條分割造成視覺繚亂，也顧及好維護、好清理需求。

- 廚房格局：L 型＋中島
- 廚房坪數：約 2 坪
- 使用建材：門片：亮面鋼琴烤漆｜檯面：人造石｜設備：瓦斯爐、烘碗機

▶ 圖片提供｜裏心空間設計

KITCHEN CASE 58

圍繞廚房生活的幸福動線

十幾年老屋獨立又封閉的廚房，讓喜愛料理的女主人感到空間促侷不好用，而無法在料理時與孩子們互動，更是屋主動念改造廚房的一大主因。基於屋主需求，採用開放式廚房做規劃，解決缺少互動問題，同時又可將空間向外拓展，把原始 L 型檯面，延展成約 320 公分長，另外並藉由加大檯面、桶身內縮，創造出吧檯機能，至於無法挪移的電箱樑柱，略做調整則成了收納冰箱最好的位置。空間色調選擇以白色搭配木紋，讓開放式廚房自然融入空間主調，營造出極簡又不失溫暖的調性。

- 廚房格局：L 型
- 廚房坪數：約 2 坪
- 使用建材：門片：素色美耐板｜檯面：人造石｜設備：瓦斯爐、蒸烤爐、洗碗機

｜尺寸解析｜

餐桌區的背牆不規劃高櫃，而是以層板書架取代，這是為了順應廚房格局動線，留出至少約 60 公分的走道寬度。

KITCHEN CASE 59

廚房外擴，擴大餐廚區

在自地自建的新屋中，由於餐廚區使用空間不大，重新更改格局。將廚房外推至後院，原有廚房則與餐廳合併，為了不讓空間顯小，餐廚區改以玻璃拉門區隔，加深視覺深度，無形擴大餐廚領域。而廚房轉角處為畸零地，截彎取直，以 L 型動線讓整體空間更為俐落完整。地面採用仿清水磚，與戶外大地產生連結，保有原始後院自然氛圍，壁面則以深灰烤漆玻璃相呼應，同時開放的木質櫃體則注入溫潤氣息，增添溫暖視感，使空間不過於冰冷。

- 廚房格局：L 型
- 廚房坪數：約 2.5 坪
- 使用建材：門片：密底板、結晶鋼烤｜檯面：石英石｜設備：抽油煙機、瓦斯爐、落地式烘碗機

｜尺寸解析｜

屋主身高較高，因此檯面高度為 90 公分，防止需長時間彎腰料理。櫃體深度則採用基本的 60 公分。左側木製電器櫃則有 210 公分高，並採用拉盤設計，使用時拉出，以免電器熱氣悶壞木頭。

▸ 圖片提供｜浩室空間設計

▶ 圖片提供｜雨聲空間設計

｜尺寸解析｜

靠走道短邊檯面寬度只有約60公分，藉由桶身內縮、佔用些許走道空間，便可擺放吧檯椅，讓料理檯面同時也具備吧檯功能。

享受全家圍繞著廚房料理的樂趣

在山上的老舊房子，經過設計師改造後變成退休夫妻倆的度假屋，平時料理以輕食為主，所以選擇安全性更高的 IH 爐取代瓦斯爐，除此之外不再安排其餘家電，留下最大空間，擺放女兒專業的烘焙烤箱。至於收納，為了避免壓迫感，以下櫃做為主要收納，只在內側牆面安排吊櫃，並統一採用亮面白色結晶鋼烤面板，淡化櫃體壓迫感；另外因應屋主一家人會在度假時一起下廚、做菜，刻意將廚房空間放大，順應空間坪數與格局採ㄇ字型規劃，這樣就有足夠的檯面同時進行切、煮等動作，讓全家人都可一同享受料理的樂趣。

● 廚房格局：ㄇ字型

● 廚房坪數：約 2.5 坪

● 使用建材：門片：6 面白色結晶鋼烤｜檯面：白色人造石｜設備：IH 爐、烤箱、落地型烘碗機、隱藏式抽油煙機

BONUS

附錄

關於廚房的Q&A

設計師・廠商

關於廚房的 Q&A

▶ 圖片提供｜德力設計

▶ 圖片提供｜IKEA

Q1 廚具的正確清潔方式為何？使用哪些材質比較便於清潔？

廚具日常的養護方式，就是隨手用半乾溼抹布擦拭即可，若遇有油汙最好用肥皂水或中性清潔劑處理就好，切忌用強效去汙的清潔產品或高揮發性溶劑擦拭，因為其中的酸、鹼成分會損害產品壽命。門片不建議用菜瓜布刷洗會留下刮痕。瓦斯爐跟抽油煙機最好能趁起鍋餘溫或有開水蒸氣軟化時進行整理。瓦斯爐清潔時可先用廚房紙巾將爐嘴蓋住，避免水噴進爐嘴影響火力。不銹鋼材質雖然容易保養，但最好能順著毛絲紋路橫向輕拭，定點式擦拭會造成刮痕。年終掃除基本原則就是「從上到下，由裡到外」，重油汙的地方要先噴上清潔劑來溶解汙垢，一定要預留足夠時間讓清潔劑與油汙分解，否則只會刷洗得更吃力。方法可以用廚房紙巾噴上清潔劑後直接貼敷，或直接噴灑清潔劑後再包一層保鮮膜加速融油。若不想使用化學清潔劑，小蘇打、白醋、檸檬酸是三大必備法寶，麵粉用來對付重油區也很有效。

Q2 廚房風水注意要點？

自古以來廚房就被視為家中財庫；就科學眼光分析，廚房水、火並濟會影響氣流變化，又是掌管飲食區塊自然與健康息息相關。但因風水學派眾多，見解也不盡相同，可從幾個大面向參酌。

區位禁忌：廚房地面不可高過廳、房等地面，一來是防止汙水倒流，二來是吻合傳統主次有別概念。烹調者不要背對入口且要後靠實牆，避免忙碌時受驚嚇。水槽龍頭不要對窗或大門，代表水往外流漏財。

爐火禁忌：瓦斯爐不可正對廁所避免穢氣影響健康。此外，不要放在水槽和冰箱之間，雙水夾火不但不符烹調流程，也代表會不斷有禍事發生。陽台走道不可正對火爐，且開窗位置不宜過低或接近爐口，因氣流擾動會影響火源主漏財。瓦斯爐上方樓層不要安放神明廳，臥房，熱氣上竄會使人躁動不安。上方不可有橫樑壓灶，因橫樑會產生壓迫感且影響油煙順利排出，影響使用者身體健康。

Q3 廚房立面材質要挑哪一種？

▶ 圖片提供｜爾聲空間設計

常見的廚房牆面材料不外乎磁磚、不鏽鋼跟強化烤漆玻璃這三種。磁磚耐酸鹼、好清理、花色眾多是其受青睞的主因，但溝縫易積污汙是最大缺點。若要克服這個問題，可用無縫工法搭配亮面磁磚，填縫劑要用新型的奈米填縫劑。不鏽鋼好清潔也防火；但有碰撞缺口產生後無法恢復跟容易有水斑的缺點，可以於灶台後局部使用增加時尚感。烤漆玻璃光滑平整不易沾染油汙，又可充當留言板使用，是目前主流的廚房壁材。但玻璃不耐尖銳物撞擊，安裝後不能隨意鑽孔；此外，玻璃雖耐高溫，但安裝時最好距離瓦斯爐20到30公分避免溫度過高裂炸。除上述材質外，亦有人將防火板當作廚房壁材。材料優點有耐高溫、防潮、耐刮，但是裝飾效果不如瓷磚、石材精緻。目前亦有日本廚具廠商推出「琺瑯壁板」，這是將玻璃經850℃高溫燒製於堅固鋼板上，玻璃表層不沾黏油垢，且表面莫氏硬度高達5～6，甚至可用鋼刷清理。由於底層是鋼板，還能搭配磁吸附件任意調整位置十分方便。

Q4 廚房天頂用什麼材質好？

廚房天花因為烹煮時熱氣會上竄，所以選用材料時應就「防火」和「不變形」兩大重點來考慮。搭配塗料使用的矽酸鈣板是最設計師常使用的天花材料；一來它是防火建材，二來平面造型好整理。塗料可採用有防霉與抗菌的乳膠漆；不但耐擦洗，日後褪色或積存油垢只要重新粉刷就能立即獲得改善。

▶ 圖片提供｜珞石設計

玻璃天花分霧面玻璃與彩色玻璃兩種，使用時一定要將光滑面向下，否則不但難清潔還會破壞彩繪效果。玻璃還可結合平面式燈罩變成留明天花，一舉兼顧光源與造型美觀。鋁板跟PVC板雖然也有人使用；但鋁板表面多會粉底烤漆，經過擦拭後可能形成霧狀降低表面光滑感，且鋁板有企冂勾縫久了可能會有油垢沉積問題。PVC板價格低廉，但最大缺點是經過長時間受熱後會產生變形所以較不推薦。若廚房淨空高度少於2.5m容易產生壓迫，儘量不做造型天花用石膏線條框裝飾即可。

Q5 廚房地面可以選用什麼材料？

▶ 圖片提供｜曾建豪建築師事務所 / PartiDesign Studio

磁磚磚因花色多、使用壽命長、好清潔、防水而穩坐廚房地磚首選寶座，不過磁磚的冷硬跟滑溜也常是被嫌棄的原因。目前也有許多人改採用無釉面的「防滑地磚」來解決困擾，但防滑和耐磨性提高之餘，無釉表面氣孔容易卡污是缺點。除了磁磚之外，貼皮的塑膠地板也是好選擇。

便宜且沒什麼熱脹冷縮的問題，自己就可以輕鬆DIY。現在流行的超耐磨地板也可以考慮。一來超耐磨技術成熟仿真效果提升，很適合搭配開放式廚房強化美觀，二來整理容易且腳踏觸感較磁磚有彈性。但不適用於長期潮濕的環境跟水洗地板，關鍵在於每塊板之間的卡扣與接縫如果有水分滲入會造成變形，只要打翻液體時馬上清理是沒什麼問題的。水泥粉光也是工業風廚房會採用的方式，但缺點是會起砂及有裂縫，較適合不拘小節的使用者。國外亦有人採用金屬地板，金屬本身具防火、防水和耐刮擦優點，搭配凹凸不平的花紋就能增強止滑。

Q6 規劃廚房千頭萬緒，到底該怎麼思考比較好？

規畫前回歸使用者的「空間條件」、「烹調習慣」跟「個人需求」三大面向思考才會比較全面。空間條件指得是居家是否位於潮濕區域？通風跟日照良好嗎？這類無法輕易變更的環境條件。環境條件不理想的空間，選材應該以施作簡單、好清理、C/P值高的產品為優先。因受潮、褪色產生瑕疵的機會高，高單價產品有時會無法凸顯真正功能，想汰換又會覺得可惜，反而造成將就使用窘境，所以是首要考量重點。烹調習慣包含：是否會大量採購囤積？喜歡油煙快炒還是清燙蒸煮？是隨手清潔還是久久掃除等慣性。烹調習慣細膩的人因勤於整理、也較願意花心思保養廚具，選材彈性大、也適合日式那種精細分類收納風格。反之，功能統括的基本款路線反而更符合實用。個人需求較為主觀卻能帶來極大滿足感，例如不喜歡磁磚一定要全室鋪木地板之類，此時就僅能從「預算是否充足」和「願不願意花心力照顧」來評估。

Q7 真的需要花大錢安裝進口五金嗎？

隨著系統廚具資訊普及，有愈來愈多人注意到「五金」這個細節的重要性；加上進口五金的口碑較好，不免讓許多人陷入預算與耐久性的抉擇拔河中。其實選購五金前可從「材質」、「功能」及「性價比」幾個部分來思考。

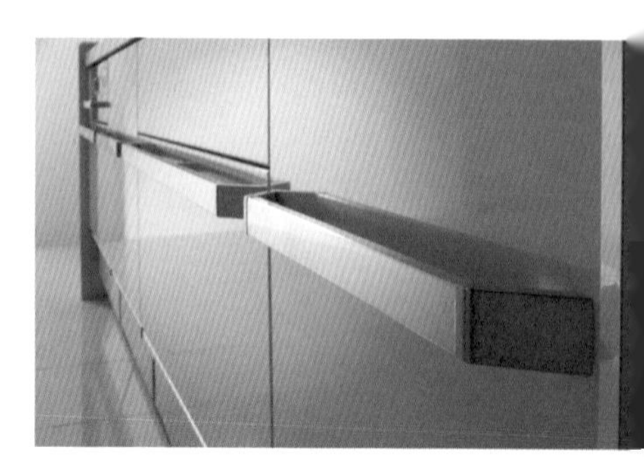
▶ 圖片提供｜竹桓股份有限公司

就材質來看，五金分有不鏽鋼、鍍鉻、鐵製三大類，不鏽鋼較堅固耐久，鍍鉻製品則會因為鍍層厚薄而影響氧化程度，但外觀上較難直接判斷鍍層品質，鐵製品生鏽機率高較不推薦。購買時可以「光滑厚實」作為初步判斷標準。就功能上而言，五金的主要目的就是載重跟協助開闔。如果你會經常開關門片、東西多又重、很在乎取物時能否全展易找，或是家有老人幼兒特別注重安全，進口五金的順暢感可以幫你節省不少麻煩。就性價比來看，五金通常會有耐開次數的檢測，若國產跟進口相差一萬次但價格卻差5-10倍，有些人會覺得不如省下價差等壞了再換一組新的就好；這個做法的風險是孔洞位置未必能吻合。此外，新安裝的五金初期看來大同小異，往往是若干年後才見品質真章。這些日後更換、尋找的隱性耗損最好都能一併列入參考。

Q8 鋼琴烤漆門片到底實不實用？

市面上的鋼琴烤漆門片底材為密底板，並用「保麗漆（Polyester Resin）」作為塗料，經多次的上漆、拋光、打磨工序而成。成功的烤漆成品色澤飽和能夠如鏡子般反射影像；而失敗的鋼琴烤漆影像周邊會呈現模糊狀。因為漆料已密實地填塞毛細孔，所以不需額外封邊就能夠達到防潮效果，好清潔、耐酸鹼、不滲油亦具備相當的耐熱性。但缺點是單價高、怕磕碰和劃痕，若有刮痕產生不易修補甚至得整片更換，長時間直接日曬可能導致退色。綜合鋼琴烤漆門片的特性來看，它其實是不錯的廚房板材但比較挑人使用。適合選用的族群是1. 對美觀要求程度高且預算充足。2. 烹調油煙少或有隨手清潔習慣。3. 廚房環境條件不會直接曝曬。4. 願意花時間保養廚具。

Q9 廚房計價的工資到底包含哪些？

裝設廚具時除了產品本身的價錢之外，估價單上通常都會有工資費用，基本的工資包含拆除跟安裝兩大類。就拆除部分來看，舊屋更新廚具時採破壞性拆除工資費用約落在NT.4,500～6,000元左右，若本身有請設計師可委請一併處理，整體拆除費用換算起來可能會更低一點。

▸ 圖片提供｜IKEA

若想保留舊廚具，就必須動用到師傅等級逐一拆卸跟包裝保護，工資就會上升到一萬出頭左右。至於更動泥作或水電的部分，原則上廚具公司僅提供圖面確認管孔位置，發包必須請屋主或設計師自行處理。安裝時的工資包括，廚具本身尺寸的工資。例如檯面的計價方式是以總長來算，但遇到L型或ㄇ字型這類總長有交疊的檯面時，可能是用扣除交疊長度的一半，或完全沒有扣除來計算。而「水槽下嵌」跟「爐台挖孔」原本就是要另外計價的。此外，若有遇到改櫃的情形；不論是事前勘查丈量時就預知，或是因現場狀況需要臨時調整也會加收費用。安裝賽麗石這類硬度高的石材檯面時，下包腳處若要做更精細的45度接縫工法也會加收工資。另外，順應屋主自備電器的尺寸規格做調整，也會加收每台NT.200～400不等的工資，但若是選購時直接跟廚具商下訂就不用額外收費。

設計師

● RND Inc. 空間設計事務所

堅持趣味、熱愛生活。以無比熱情與絕對專業，為您的居家空間再生幸福。以精準的商業嗅覺與獨到的美學敏銳，打造機能形象兼備的商業空間。

電話：07-282-1889

Mail：service@reno-deco.net

網址：www.reno-deco.net

地址：高雄市新興區南台路43巷23號3F

● 上陽室內設計

上陽室內設計崇尚人本主義，秉持純真、至善、唯美的初衷，認為居家環境是融合生活情感的建築空間。因此擅長使用質樸元素展現人文關懷，低調的設計美學不落俗套，實踐以人為本的空間形態，昇華「家」的溫度，享受品味卓絕且舒適自在的家庭生活樂趣。

電話：02-2369-0300

Mail：sunidea.com.tw@gmail.com

網址：sunidea.com.tw

地址：台北市大安區羅斯福路二段101巷9號1F

● 水相設計

成立於2008年的水相設計跨足室內與建築領域，秉持設計應如「水」的初衷，純淨、有機又多變，本質上保持其原有的簡潔性，意念上展現無框架的可能性。致力關注於空間的故事脈絡及時間光線，創造一個具有情感沉澱及訊息想像的空間。

電話：02-2700-5007

Mail：info@waterfrom.com

網址：www.waterfrom.com

地址：台北市大安區仁愛路三段24巷1弄7號1F

● 甘納空間設計

對於空間的喜好，來自於不變的熱忱，透過感性與理性的溝通，營造空間的包容力，以樸實的素材刻劃出自然、多元生活化的空間品質。

電話：02-2775-2737

Mail：info@ganna-design.com

網址：ganna-design.com
地址：台北市大安區安東街35巷10號

CONCEPT 北歐建築

「家」是用來乘載人的生活。而「生活」，是一個複合性的概念。要懂得將屋主的生活融入設計當中，要懂得將建築與在地人文結合，設計師需要的不僅僅是空間美感，所有生活的食、衣、住、行，環保與工程，自然與城市，全都要考慮到，並且，在所有設計從0走到1時，就要全面整合性得考慮。將人的感性與空間的理性結合，CONCEPT 北歐建築 從一個深邃的原點，逐步地，詮釋關於空間的故事。

電話：02-2706-6026
Mail：service@twcreative.net
網址：dna-concept-design.com/about
地址：台北市大安區安和路二段32巷19號

合風蒼飛設計工作室

相信空間及設計皆是人與自然的延伸，以自然素材及極簡、原始不造作的美感，強調概念、空間感及多樣性設計，為業主及使用者創造空間價值。

電話：04-2386-1663
Mail：soardesign@livemail.tw
網址：facebook.com/soar.design.tw/
地址：台中市五權西路二段504號

亞維空間設計

從旅行經驗中累積、覺察、誘發歐式鄉村文化悠然的魅力與質感，並透過石、木等原始素材及手作染色的唯美，呈現或繁或簡的獨特表情。明快線條搭配機能強大的收納釋放場域容量與自由感，讓人與空間能更舒適自在地互動。

電話：03-360-5926
Mail：avendesign1@gmail.com
網址：www.avendesign.tw
地址：桃園市桃園區德華街173號

設計師

● 兩冊空間設計

兩冊專注於簡單而舒適溫暖的設計，透過室內裝飾的減少，來尋找比例、材料和空間三者的平衡。生活沒有公式，設計同樣也是。我們為每一個房子中的生活想像，精心規劃、重新安排，形塑成一個家。

電話：02-2740-9901

Mail：jeff@2booksdesign.com.tw

網址：2booksdesign.com.tw

地址：台北市大安區忠孝東路三段248巷13弄7號4F

● 法蘭德室內設計

我們常在思考，如何創造出內容豐富且多元性的空間，讓居住者與房子產生感情，並感到自己的獨特性。我們追求的目標不僅僅是品味的裝潢，更是一個新的生活感受與情感交流。

電話：03-317-1288

Mail：amber3588@gmail.com

網址：www.facebook.com/friend.interior.design

地址：桃園市桃園區莊敬路一段181巷13號

● 珞石設計

設計，不只是在規劃空間，更是在規劃生活。我們期許能用好的設計帶給空間使用者美好的生活體驗，以及更多對於生活的想法。

電話：02-2555-1833

Mail：hello@loqstudio.com

網址：www.facebook.com/Loqstudio/

地址：台北市大同區赤峰街33巷10-1號

● 浩室空間設計

一直以來，崇尚簡約、俐落的設計線條，透過調整光影、創造機能，型塑讓人醉心的居家場域。串連空間、分隔內外，持續探究空間表與裡的差異，混合時尚與懷舊、人文及古典，創造獨一無二的設計語彙。同時回歸生活本質意義，激盪出無邊無際的設計花火。

電話：03-367-9527、0953-633-100
mail：kevin@houseplan.com.tw
網址：www.houseplan.com.tw
地址：桃園市八德區介壽路一段435號

● 曾建豪建築師事務所/PartiDesign Studio

使用者才是空間的主角，設計是因人而異。從基地條件重新審視最符合使用者的生活動線，著重光線、通風元素，善用色彩、素材的搭配運用，讓空間獲得重生。

電話：0988-078-972
Mail：partidesignstudio@gmail.com
網址：www.chienhaotseng.com
地址：台北市大安區大安路二段142巷7號1F

● 裏心空間設計

相信每個人對自己的空間都有不同的詮釋方法，藉由討論找出個人喜好與想法，希望能幫大家與空間找出專屬於自己的設計&故事，在設計的框框裡尋找定位。

電話：02-2341-1722
Mail：rsi2id@gmail.com
網址：www.rsi2id.com.tw
地址：台北市中正區杭州南路一段18巷8號1F

● 德力設計

對德力設計團隊而言，「風格設計」永遠不是設計的第一步，「空間配置」才是關鍵。空間配置決定了動線、機能、收納等基本需求設定，優先滿足使用人口的各項生活的空間需求，然後才是風格的設定與討論。

電話：02-2362-6200
Mail：dldesign.service@gmail.com
網址：www.dldesign.com.tw
地址：台北市大安區和平東路一段258號8F

設計師

● 爾聲空間設計

由兩位旅澳歸國的建築師成立，兩位設計師在紐澳兩地擁有超過十年大型建築設計經驗，擅長從建築角度思考空間，將國外設計手法融入台灣居住環境。設計理念源自於對陽光、自然、簡約的熱愛，作品致力於客制屬於不同業主的居住空間。

電話：02-2358-2115

Mail：info@archlin.com

網址：www.archlin.com

地址：台北市大安區永康街91-2號3F

廠商

● Clean up（竹桓股份有限公司）

創立於1949年的Cleanup，是日本第一廚具領導品牌。不僅以「人性思維」設計廚具，亦重視節能環保，致力發展可回收、利用率高的新鋼種「NSSC FW1」，藉由對環境友善的新素材進一步落實環保貢獻。

電話：02-2507-2212

Mail：cleanup.tpe@gmail.com

網址：www.cleanup.com.tw

地址：台北市中山區民生東路三段15號1樓

● IKEA

IKEA的願景是「為大多數人創造更美好的生活」，經營理念是「提供種類多樣、價格合宜、設計獨特且具功能性的居家用品，且大多數人都能夠負擔得起的」，IKEA獨特的經營模式，包括了自行設計、全球生產、集中採購及在店內有效的銷售方式。透過各種創新思考，將每一個環節的成本降至最低，並透過店內展示間與免費IKEA型錄發送，與消費者分享更多居家佈置靈感，並提供居住空間解決方案，為消費者帶來更美好的生活。

網址：www.ikea.com/tw/zh/

IKEA 宜家家居各店資訊

敦北店	台北市敦化北路100號B1	(02) 412-8869 轉1	serviceAWS@IKEA.com.tw
新莊店	新北市新莊區中正路1號	(02) 412-8869 轉2	serviceHCS@IKEA.com.tw
桃園店	桃園市中山路958號	(02) 412-8869 轉3	serviceTYS@IKEA.com.tw
新竹訂購取貨中心	新竹縣竹北市中正東路98號	(03) 551-6223	
台中店	台中市南屯區向上路二段168號	(02) 412-8869 轉4	serviceTCS@IKEA.com.tw
高雄店	高雄市前鎮區中華五路1201號	(02) 412-8869 轉5	serviceKHS@IKEA.com.tw
線上購物客服		(02) 412-8869 轉6	onlinesales@IKEA.com.tw

● 弘第 Home Deluxe

擁有廚具、傢具最佳設計團隊，廚具更依品牌細分業務單位，提供最完整專業的服務。設計團隊以單一窗口方式負責廚具銷售等所有相關事宜，包含從圖面繪製、客戶溝通、現場勘量尺寸、訂貨、安裝溝通及驗收，從接待那刻起，每位客戶皆有專屬設計人員陪同並隨時提供專業諮詢，讓客戶享受尊容禮遇與便利。

地址：台北市松山區長春路451號1樓

電話：02-2546-3000

● 達亦精品櫥飾

堅持四大原則：「專業丈量」、「設計規劃」、「永續服務」、「優質施工」，達亦精品櫥飾擁有室內設計本科系畢業的廚房規劃師，給予流暢的料理動線、強大的收納機能、協調的配色，並由15年施工經驗的工務人員進行工程細節與作業，提供屋主們理想的廚房空間。

地址：台北市北投區中央北路三段15-1號1樓

電話：02-2893-5592

● 尊櫃國際事業股份有限公司

成立於民國97年，因應台北首善之都高水準的客戶需求，針對進口廚具的競爭與國產廚具水準提升，因此設立「尊」貴的櫥「櫃」:「尊櫃」公司。不斷創新研發是尊櫃公司永續經營的動力，更大力推廣廚房設備操作使用方式，讓做菜成為家庭主婦(夫)生活享樂為目標。

電話：02-2792-1120

Mail：k2@k2-k.com

網址：www.k2-k.com

地址：台北市內湖區成功路二段273巷11號

國家圖書館出版品預行編目(CIP)資料

設計好廚房：搞懂預算x格局x材質，打造好看也好用的理想廚房／東販編輯部作. -- 初版. -- 臺北市：臺灣東販，2017.11
208面；18x24公分
ISBN 978-986-475-506-6(平裝)
1. 家庭佈置　2. 室內設計　3. 廚房
422.51　106017927

設計好廚房

搞懂預算×格局×材質，打造好看也好用的理想廚房

2017年11月10日　初版　第一刷發行

編　著　東販編輯部
編　輯　王玉瑤
採訪編輯　Cline、Eva、王玉瑤、黃珮瑜
封面‧版型設計　謝小捲
特約美編　蘇韵涵
發行人　齋木祥行
發行所　台灣東販股份有限公司
地址　台北市南京東路4段130號2F-1
電話　(02)2577-8878
傳真　(02)2577-8896
網址　http://www.tohan.com.tw
郵撥帳號　1405049-4
法律顧問　蕭雄淋律師
總經銷　聯合發行股份有限公司
電話　(02)2917-8022
香港總代理　萬里機構出版有限公司
電話　2564-7511
傳真　2565-5539